细胞生物学实验指导

主　编　邹湘辉　杨东娟　罗秋兰

副主编　张振霞　郑玉忠　查广才　黄永平

东北林业大学出版社
Northeast Forestry University Press
·哈尔滨·

图书在版编目（CIP）数据

细胞生物学实验指导 / 邹湘辉，杨东娟，罗秋兰主编；张振霞等副主编． -- 哈尔滨：东北林业大学出版社，2024. 10. -- ISBN 978-7-5674-3720-3

Ⅰ．Q2-33

中国国家版本馆 CIP 数据核字第 2024BS8267 号

责任编辑：陈珊珊

封面设计：寒　露

出版发行：东北林业大学出版社

　　　　　　（哈尔滨市香坊区哈平六道街 6 号　邮编：150040）

印　　装：定州启航印刷有限公司

开　　本：787 mm×1092 mm　1/16

印　　张：12.5

字　　数：220 千字

版　　次：2024 年 10 月第 1 版

印　　次：2024 年 10 月第 1 次印刷

书　　号：ISBN 978-7-5674-3720-3

定　　价：78.00 元

编委会

主　编　邹湘辉　杨东娟　罗秋兰

副主编　张振霞　郑玉忠　查广才　黄永平

参　编　聂　莹　刘亚群　周　飞　林丽云

前　言

随着科技的日新月异，生物科学已迅速崛起为现代科技领域的重要分支。特别是在细胞学研究中，我们通过显微镜来探索生命的微观世界，了解细胞的结构、功能，以及它们在生命活动中的角色。这个领域的发展不仅增进了我们对生物体内部的理解，也为诸如医学、生物工程、农业等行业的发展带来了巨大的潜力和机会。

本教材旨在提供一个系统的实验框架，以便帮助读者了解和学习各种细胞生物学实验技术。内容涵盖了显微观察、细胞分离、分子检测、染色体观察、DNA 提取，以及一些细胞工程的基础实验等多个关键领域。每个实验章节都详尽地阐述了实验的目的、原理、步骤和预期的结果，为读者提供了一套完整的实践指南。

第 1 章首先介绍了各种显微镜及其使用方法，让读者理解如何观察和分析细胞的结构与功能。接着，第 2 章至第 4 章着重讲解细胞的内部结构和组分，通过具体的实验技术，深入解析了细胞的超微结构，包括细胞核、线粒体、液泡等细胞器的特性，以及 DNA、RNA、蛋白质等分子的定位和分析。在第 5 章和第 6 章，我们进一步研究了细胞的生命活动和遗传信息传递，包括有丝分裂、减数分裂、染色体观察等关键过程。第 7 章和第 8 章则介绍了如何进行细胞表面和细胞内分子的检测，以及如何提取和分析 DNA。最后，第 9 章引领读者进入细胞工程的世界，通过一系列基础实验，探索如何操控细胞，以实现我们的科研目标。

本教材力求实用、深入，希望能对生物学研究者、教师和学生等读者有所帮助，让大家更好地理解并掌握细胞生物学的基本技术和方法。同时，也期望读者能够通过这些实验，培养出科学探究的热情，发掘生命科学的奥秘。

欢迎您来到细胞生物学的世界，希望您能在阅读和实践中有所收获，也期待您对我们的教材提出宝贵的意见和建议。

作者

2024 年 6 月

目 录

第1章 显微镜及制片技术

🔬 实验1 普通显微镜及其使用

【实验目的】

了解普通光学显微镜的具体组成结构、工作原理，能够熟练使用显微镜完成相关实验操作。

【实验原理】

1.显微镜的基本构造

显微镜是一种十分常见的实验仪器，主要用于放大物体，使人们能够清楚地观察微观生物。其基本组成结构有两部分，分别是机械装置和光学系统。

（1）机械装置。

镜筒（tubus）：连接在目镜和转换器之间形状为管状的机械装置，起固定和支撑作用。为了保证显微镜可以观察各个形状的样品，镜筒可以进行高度调节。

转换器（converter）：由两个金属碟组成的形状为转盘的机械装置，底层安装有物镜，一般为三个或四个，其上的物镜与镜筒、目镜共同构成样品的放大系统。

样品台（stage platform）：用于存放待观察样品的机械台，为了方便观察样品，它可以倾斜、旋转、移动。

焦距调节装置（focusing mechanism）：调节镜筒和样品之间距离的机械装置，方便人们找到最佳的观察距离。为了保证观察的清晰度，这个装置的调节包含两类：一类是细调节，一类是粗调节。

光源（light source）：显微镜中专门照亮样品的机械装置，一般安装在显微镜底部，

常使用荧光灯、白炽灯、LED 灯等。

台架（stage）：承载整个显微镜的机械装置，也就是常说的底座。台架上一般都会有放置样品的光滑平台。

（2）光学系统。

物镜（objective lens）：安装在转换器上的镜头，可以收集样品射出的光线形成放大的实像。通常情况下，显微镜中的放大倍数与物镜的放大倍数有直接关系。

目镜（eyepiece or ocular）：安装在镜筒顶部的镜头，可以将物镜形成的实像进一步放大，是观察人员观察样品的关键路径。目镜的放大倍数是固定的。

照明系统（illuminating system）：包含光源和各种光学元件的系统。照明系统根据使用的光源类型不同使用对应的方法照亮样品，使样品在物镜中成像。

光学筛片（diaphragm）：照明系统中控制光线角度、强度的光阑，其位置、大小直接决定了样品的照明方式和对比度。

光学镜片（lenses）：物镜、目镜以及各种辅助透镜，其主要作用是聚焦、折射光线，保证显微镜获得清晰的图像。

聚光器（concentrator）：聚拢光源的装置，它可以将光源发出的光线聚拢成光锥，然后从合适的角度照射在样品上，保证物镜的分辨率。聚光器包含两部分，分别是聚光镜和虹彩光圈，观察人员可以通过调节聚光镜的高低以及虹彩光圈的大小提供最恰当的光照条件，从而获得最清晰的成像。

2. 显微镜的分辨率

$$NA = n \cdot \sin\frac{\alpha}{2}$$

式中，NA 为物镜的数值孔径；n 为介质的折射率；α 为标本在光轴上的一点对物镜镜口的张角。

在空气中 $n = 1$，油镜下 n 可以提高到 1.5，因此利用油镜能增加数值孔径。光线投射到物镜的角度直接决定显微镜的效能，角度越大，效能越强，此角度由物镜的焦距和直径决定，最大可达 140°。

显微镜的分辨率也称为分辨力，指的是显微镜能够分辨两个物体之间的最小距离，它与物镜的数值孔径成正比，与光波波长成反比。当物镜的数值孔径不断增大时，光波波长会缩短，显微镜的分辨率会增大，样品可清晰成像的结构越细微。分辨率和分辨距离之间成反比关系。

因此，可以用可分辨的最小距离来表示显微镜的分辨率：

$$R = \frac{0.61\lambda}{NA} = \frac{0.61\lambda}{n \cdot \sin\frac{\alpha}{2}}$$

式中，R 为分辨率（两点的最短距离）；λ 为照明光线波长。

可见光最短波长为 450 nm，油镜物镜的最大数值孔径为 1.4，基于此可得出油镜的 R 值约等于 0.2 μm。换言之，当两物体之间的间距小于 0.2 μm 时，在油镜中只能呈现一个点，所以不能使用油镜分辨。

【实验方法】

1. 观察前的准备

（1）样品准备：根据实验目的和实验要求选择样品，同时对样品进行切片、染色、固定处理，以确保样品能够放在显微镜下观察，并且让实验者观察到想要的特征和结构。

（2）显微镜设置：根据实验要求和样品种类设定显微镜参数，如光源亮度、样品对焦、物镜倍数、对比度等。

（3）调节光照：将光源的亮度调至最低，然后打开光源的电源。转动物镜，将光孔对应物镜倍数调至 10×，调节聚光器上的虹彩光圈到最大，用左眼观察目镜，然后不断地调节虹彩光圈大小，保证目镜中样品的光照最明亮、最均匀。如果显微镜本身带有光源，其光照强度可通过电流旋钮控制。常用的调节光线强度的方法有光源调节、聚光器升降调节、虹彩光圈大小调节。通常情况下，观察染色样本时应使用强光，其他样品不必。

2. 低倍镜观察

使用显微镜观察样品时一般都是先从低倍镜开始的，因为低倍镜的视野更大，更方便找到观察的区域和目标。

将样品制成的标本平放在载物台上，然后用标本夹夹住，用推动器移动标本，保证标本正对物镜，调节粗调节旋钮，尽可能地近进物镜和标本之间的距离，此时需要观察人员通过目镜观察样品标本，直到看到样品成像，如果距离太近，可以适当下调载物台的位置。确定物像后，再调节物镜细调节旋钮，直到物像清晰。最后不断移动标本，保证观察区域位于视野中央。

3. 高倍镜观察

如果低倍镜镜无法满足观察需求，可以更换高倍镜，由于高倍镜和低倍镜的镜头长度不同，很可能与样品标本发生碰撞，因此需要观察人员全程在侧面紧盯。更换完成后，需要适当调节光照，观察人员可以继续通过目镜观察标本，同时重复先粗调节后细调节的操作，获得处于视野中央的清晰物像，最后准备使用油镜。

4. 油镜观察

（1）油镜镜头的长度最长，需要先提升镜筒高度，至少要提升 2 cm，然后再转动转换器，将油镜对准样品标本。

（2）在保证油镜和样品标本对应后，在样品标本载玻片上滴加香柏油，一般为一滴。

（3）观察人员需要在旋转粗调节旋钮不断降低物镜高度的同时在侧面紧盯，保证油镜完全浸没在香柏油中，且未与标本接触。这里需要注意，绝对不能用力过猛，既防止损坏样品玻片，也避免损坏镜头。

（4）在确定油镜和物品在油中接触时，调节光源强度，观察人员可以通过目镜观察，保证样品光线充分，然后旋转粗调节旋钮使标本成像，再旋转细调节旋钮调整物像清晰度。这个过程要保证油镜完全浸没在油中，一旦油镜离开油面，需要重新调节油镜。

5. 观察完后复原

在观察结束后，需要旋转粗调节旋钮，降低载物台高度，使油镜镜头脱离油，然后用擦镜纸轻轻擦拭镜头上残存的油，再使用蘸有乙醚乙醇混合液的擦镜纸擦去镜头角落残存的油渍，最后再用洁净擦镜纸擦拭数次。

转动物镜转换器，保证物镜镜头与载物台的通光孔呈八字形，降低载物台位置，调节聚光器，使其与反光镜垂直，将其他各个零件回归原位，使用柔软的、洁净的纱布擦拭机器的各个机械区域，这一切工作完成后需要及时将显微镜放入镜箱中保存。

【注意事项】

（1）每台显微镜都配有使用卡，学生在使用时需要及时填写。通常情况下，学生在开始时使用哪台显微镜，整个学期都应使用同一台，显微镜的位置、固定镜号都应是固定的。

（2）学生不得擅自对显微镜进行拆卸，避免损坏显微镜。

（3）学生在将显微镜从镜箱中取出时要保持正确姿势，左手托着镜座，右手紧握镜臂，切忌单手直接拎拿或倾斜拿。

（4）学生在打开显微镜时，首先要将光源亮度调至最低，保证显微镜灯泡的安全和持久。

（5）学生在观察样品标本时，需要先从低倍镜开始，然后使用高倍镜，最后再使用油镜。当学生透过目镜观察样品标本时，千万不能旋转粗调节器，尤其是在使用油镜时，防止镜头与玻片直接接触，破坏标本或损伤镜面。

（6）学生在观察时需要保持双眼同时睁开，并养成轮流使用两眼观察的良好习惯，这样能有效缓解眼睛疲劳，右眼还能在左眼认真观察过程中注视绘图。

（7）需要转换物镜镜头时绝对不能直接用手触碰镜头，要通过转动转换器完成物镜转换。

（8）在观察过程中千万不能随便转动调焦手轮。如果需要使用微动调焦旋钮，绝对不能使用蛮力，要轻轻用力，转动速度不能过快，转不动时不能硬转。

（9）在使用高倍物镜观察样品标本时，千万不要使用粗动调焦手轮来调节焦距，防止移动距离过大，损伤物镜和玻片。

（10）最后擦拭镜面时只能用擦镜纸，切忌使用粗布或手指，确保镜面的光洁。

【思考题】

（1）油镜的使用和普通物镜有哪些区别？哪些步骤需要特别注意？

（2）为什么在使用油镜时需要滴加香柏油？

（3）使用显微镜观察标本时，为什么要先用低倍镜观察，而不是直接用高倍镜或油镜观察？

实验 2　特殊显微镜及其使用

【实验目的】

了解相差显微镜的组成结构、工作原理以及具体使用方法，使人们对透明样品观察得更清楚，收获更多清晰的细节。

【实验原理】

相差显微镜是一种特殊的显微镜，能将物体本身存在的相位差（或光程差）转换为振幅（或光强度）变化，从而让人眼观察到。通常情况下，鲜活的生物体大都是无色透明的，即使是光线通过，波长和振幅也基本不发生变化，而人眼只能观察到大幅度的波长差（颜色差）及振幅差（亮度差）。但是，生物材料的不同部分之间以及其与环境之间存在着显著的折射率差别，当光线通过时相位会发生巨大变化，这种变化能被相位显微镜转变为显著的振幅差。

以细胞为例，活的细胞基本都是无色透明的，光线照射到细胞上，波长和振幅的变化并不明显，但细胞各组成部分之间以及其与周围介质之间的折射率有显著差别，虽然会有大部分直接穿透细胞，但也会有一部分发生衍射，前者被称为直射光，后者被称为衍射光。这两种光的波长是相同的，但衍射光因为发生过折射导致相位比直射光推迟约 1/4 波长。标本中的某一点在被光线照射时发出的光包含直射光和衍射光两种，二者在物镜中聚合成一点成像时会发生干涉，形成特殊的合成光波，这个光波的波长不变，但振幅等于两种光的几何叠加。这种叠加的结果与原振幅的差别无法被普通显微镜察觉，所以普通显微镜无法观察到标本的细微结构；而相差显微镜能够改变直射光或衍射光的相位，并将二者的相位差转换为振幅差，从而观察到标本不同结构之间的差别。相差显微镜中的相板是相位改变的主要推手。当直射光的相位也被推迟 $1/4\lambda$ 时，直射光和衍射光的再次一致，出现相长干涉，最终的合成光波会比直射光更亮，形成负反差。

与普通显微镜相比，相差显微镜拥有两个独特的装置，即环状光阑和相板。环状光阑的规格与物镜倍数有关，主要有 $10\times$、$20\times$、$40\times$、$100\times$ 四种，这四种规格的环状光阑通常被安装在同一个与聚光器连接在一起的转盘当中，共同组成转盘聚光器。在转盘上有一个专用的表示孔，使用时会通过转动转盘将不同规格的环状光阑依次通过标示孔，接入光路。注意，当标示孔显示为"0"时，代表环状光阑未接入光路，此时的显微镜就是普通的显微镜。调节按钮既可以安装在转盘上，也可以安装在其他位置。

相板一般安装在物镜的后焦面上。它包含两部分：第一部分是环状的共轭面，是光线穿过环状光阑产生的直射光在物镜集合成像穿过的区域；第二部分是补偿面，是衍射光透过的区域。相板上都涂着相位膜，起到推迟光线相位的作用，最常用的材料是 MgO。当相板的共轭面涂有相位膜时，直射光的相位会被推迟，形成负反差（明反差）；当相板的补偿面涂有相位膜时，衍射光的相位会被推迟，从而形成正反差（暗反差），即标本的亮度比周围低。相板上还涂有吸收光线的膜，一般都在共轭面上，主要用于吸收直射光，以保证其振幅与衍射光差别不大，最终的合成光波与直射光形成强烈反差。

为了保证显微镜观察效果，环状光阑的像要刚好落于共轭面当中，且大小保持一致，保证应被吸收的光完全吸收。这一过程可以通过观察环状光阑的像来确定观察效果。通常情况下，环状光阑的像和相板像只要拔出物镜就能看到，但像的形状很小，需要使用合轴调整望远镜放大，部分不配备合轴望远镜的相差显微镜可以通过目镜中添加的补偿透镜观察。

为了保证显微镜所用光线具有优质的相干性，使用单色光最好，所以部分相差显微镜中会增加单独的绿色滤光片，该滤光片既能保证光源的相干性，还能吸热。相差显微镜的环状光阑通光孔比较小，镜检时必须使用强力光照，人工光源最好。

现在以 Olympus 相差显微镜为例讲解相差显微镜的使用方法。

1. 光路调中

使照明光束的中心和显微镜的光路中心实现光轴合一，可从以下几步着手：

（1）调整聚光器位置到最高。

（2）接通光源。

（3）转动环状光阑转盘，保证"0"进入标示孔。

（4）将样品标本平放在载物台上，用夹子夹紧，使用低倍镜聚焦。

（5）不断缩小视野光阑，使视场光阑在显微镜的视野内呈现图像，一般为模糊像。

（6）调节聚光器，使视场光阑呈现的像逐步清晰。

（7）双手不断旋转聚光器的两个调节螺杆，将视场中心移动到视野中央。

（8）开放视场光阑，使其周边与视野周边相接，形成视野的内接多边形，如不能内接，则重复步骤（7）、步骤（8）的操作。

（9）调节聚光器升至顶点，光路调中即为完成。

2. 合轴调整

通常情况下，相差显微镜的环状光阑与相板共轭面的透光环决定了其共轭面的宽度和直径，在使用过程中，每一个相差物镜都配备着恰当的环状光阑，同时需要不断调节两环，以实现合轴，具体步骤如下：

（1）将目镜从目镜筒中拔出。

（2）将合轴调整望远镜插入目镜筒，然后不断调节望远镜上下运动，切忌完全脱离目镜筒，找到两环清晰点。

（3）双手轻轻转动环状光阑的调中螺杆，移动环状光阑到与相板共轭面重合，转动物镜转盘，只要一种物镜合轴，其余物镜也会合轴。

（4）如果环状光阑与相板的大小不一致，需调节聚光器高度，使二者保持一致。

（5）将合轴调整望远镜拔出，然后重新插入目镜。此时合轴完成，可以进行镜检观察。在镜检过程中要选择恰当的环状光阑。

【实验用品】

1. 仪器和用具

显微镜、载玻片、盖玻片、镊子、擦镜液（乙醚与乙醇 1∶1 的混合液）、擦镜纸以及质量分数为 0.85% 的生理盐水。

2. 材料

紫鸭跖草、蛙骨染色体标本。

【实验方法】

1. 利用相差显微镜观察紫鸭跖草花丝绒毛细胞的原生质环流

观察紫鸭跖草花丝绒毛细胞需要先制备紫鸭跖草花丝标本。具体步骤是：首先使用镊子在紫鸭跖草花形态学下端攫取小小一段紫鸭跖草花丝；其次将其平放在载玻片上，用滴管滴加一滴质量分数为 0.85% 的生理盐水，在其上覆盖盖玻片，完成标本制作；最后将标本放在显微镜载物台上观察。

2. 观察未染色的染色体制片标本

直接将蛙骨髓染色体标本平放在载物台上，用标本夹夹紧，然后用低倍镜观察，找到像，然后更换高倍镜、油镜观察。

【预期结果】

花丝绒毛为多个细胞组成的念珠状结构，每个细胞都为椭圆形，可见细胞中有管网状结构，管网中有许多颗粒在不停地运动，管网本身也在不断变化。蛙骨髓细胞中能看到细胞核和凝聚成棒状的染色体。

【注意事项】

（1）相差显微镜使用前注意先将光路对中和合轴调节。

（2）相差显微镜主要用于观察活细胞、不染色的组织切片或减少反差的染色标本，但切片一般不能超过 20 μm。

【实验报告】

（1）绘制紫鸭跖草花丝绒毛细胞原生质环流图。

（2）绘制蛙骨髓细胞中期染色体图。

【思考题】

（1）相差显微镜与普通显微镜相比存在哪些特殊的装置？这些零件的形状、位置以及作用？

（2）简单描述发生明反差与暗反差时，相板的具体构成及两种现象的形成原理。

（3）相差显微镜能够观察活体样品的主要原因有哪些？

暗视野显微镜

【实验目的】

掌握暗视野显微镜的原理、构造及其使用方法。

【实验原理】

暗视野显微镜也是一种特殊的显微镜，其观察样品时无法直接观察到明亮的光线，而是接受样品标本衍射和反射的微弱光线，属于借助暗视野照明法观察样品标本的显微镜。简言之，使用该显微镜观察样品时，整个视野都是黑的，只有样品的像是亮的。

暗视野显微镜因为能够观察到细菌、放线菌、硅藻、单细胞等生物体的鞭毛、纤维等特殊结构以及细胞中微粒的运动过程，所以也被称为超显微镜。

丁达尔效应是暗视野显微镜设计的基础原理，即当光线穿过胶体介质时会发生散射。这个原理在日常生活中也很常见，如一束光射进一间昏暗的房间中时，人们可以从光线的侧面发现平常无法看到的细小尘埃。暗视野显微镜与普通显微镜最显著的区别就是聚光器，它使用的聚光器能直接遮挡所有进入物镜的直接光源，样品标本被光源斜照产生反射光或散射光，这些光会进入物镜当中，在物镜中成像，使观察人员观察。

由于暗视野显微镜主要依赖物体表面的散射光进行照明，因此可以观察到物体的存在和运动，但无法清晰辨别物体的内部结构。如果样品为透明的非均质，且直径大于$1/2\lambda$时，标本的衍射光进入物镜后能清楚地呈现物体的结构。

一般情况下，普通显微镜在明视野照明条件下的分辨率为 0.2 μm，在暗视野照明条件下的分辨率为 0.004 μm，由此可得出暗视野显微镜可以观察到 0.004～0.200 μm 的粒子。

【实验用品】

1. 仪器和用具

普通光学显微镜、剪刀、黑纸片。

2. 材料

含有轮虫、草履虫的水。

3. 试剂

质量分数为 0.85% 的生理盐水。

【实验方法】

1. 简易暗视野聚光器的安装

（1）将聚光器从显微镜上取下，打开其上、下透镜。

（2）以聚光器下透镜的上表面为参照用黑纸按照 1:1 的比例剪出一个圆，然后将该圆外边缘的缩小 1/5。

（3）裁剪得到的黑纸放置在聚光器下透镜上表面中心，盖好上透镜，再将整个聚光器安装到显微镜上，此时的显微镜就成为一个简单的暗视野显微镜。

2. 材料观察

（1）用滴管吸取含有轮虫或草履虫的水滴在载玻片上，扣压盖玻片，制成含有轮虫或草履虫的标本。如果含有样品的水太多，可以用滤纸适当吸取载玻片上的水。

（2）在聚光器上透镜上表面滴加香柏油，然后调节升降旋钮，降低聚光器位置，再将标本放置在载物台上，用标本夹夹住，再次调节聚光器升降旋钮，升高聚光器位置，保证其与载玻片之间完全被油包裹，不能有气泡。

（3）转动调节旋钮，挑战焦距，从目镜处观察轮虫或草履虫的形态特征。

【预期结果】

视野整个背景是黑暗的，需要观察的样品是明亮的。

【注意事项】

（1）必须保证聚光器透镜和载玻片之间完全被油包裹，防止光源发出的光线在聚光器表面被全部反射回去，样品标本无法获得照明条件，无法成像。

（2）必须使用强力光源。

（3）暗视野显微镜的物镜中不能出现任何直接光，这一点可以通过聚光器位置调节实现。

（4）暗视野显微镜的物镜应选用数值孔径低于 0.85 mm 的，因为数值孔径越大，暗视野照明效果受影响；而且物镜的镜口率要与聚光器的类型相匹配，与盖玻片之间也不能滴加油介质。

（5）载玻片的厚度在 0.1 mm 左右最佳。

（6）虹彩光圈必须开到最大。光档直径可适当大于孔径光阑开孔。

【实验报告】

绘制暗视野显微镜下的原生动物图。

【思考题】

（1）使用暗视野显微镜观察标本的过程为什么会出现无论如何调节焦距都无法看到标本的情况？

（2）使用暗视野照明法时为什么要保持整个视场黑，而样品影像亮？

荧光显微镜

【实验目的】

掌握荧光显微镜的原理、构造及其使用方法。

【实验原理】

荧光显微镜是利用较短波长的光（如紫外光）照射样品，使样品受到激发，产生较长波长的荧光。

当某一物质的外层电子接收到能量相当的光量子后，这个电子就会从能级较低的电子层跃迁到能级较高的电子层（激发态），但激发态是不稳定的，大约经过 10^{-8} s，电子就会以辐射光量子的形式释放能量而回到原来的稳定状态。辐射的光量子就是光，因为能量还有一部分是以热能的形式散发的，所以荧光光波比激发的光波长。

细胞内的一些成分经激发光波激发后，可以发出较弱的荧光，这叫自发荧光。有些细胞成分不能自发产生荧光，但是在与发荧光的有机物——荧光染料结合后，具有发荧光的能力，这种荧光称为间接荧光或次生荧光。

除少数物质具有较强的自发荧光外，大多数细胞的自发荧光很弱，不能满足实际工作的要求，因此间接荧光的应用比较广泛。

荧光显微镜灵敏度高，用极低浓度的荧光染料就可清楚地显示细胞内的特定成分，它不仅可以观察固定的切片标本，而且还可以进行活体观察，如观察活细胞内物质的吸收和运输，化学物质的分布与定位等；还可以与荧光分光光度计结合使用，对细胞内物质进行定量分析，其精确度高，可以测得 10^{-15} g 的 DNA 含量。

根据光路不同，荧光显微镜可以分为两种类型：透射式荧光显微镜和落射式荧光显微镜。透射式荧光显微镜是比较旧式的显微镜，它是由激发光穿过聚光透镜和标本来激发荧光。其优点是放大倍数低时荧光强，价格低廉，使用方便，对大材料较好；缺点是放大倍数增大时荧光减弱。落射式荧光显微镜让激发光照射在待测材料上，也叫反射式荧光显微镜，是近年来研究发展起来的一种新式显微镜。其优点是放大倍数越大荧光越强，有利于高倍研究。

荧光显微镜的光源一般为超高压汞灯，少数用氙灯或高色温溴、钨灯，前二者可获得较强的紫外线，后者产生紫蓝光。但真正有用的激发光主要经过滤光片过滤获得。这些激发滤片有各种型号，每种型号允许一定波长的光通过。

阻断滤片主要是通过长波光、反射短波光，以获得清楚的荧光图像及保护观察者的眼睛。阻断滤片的选择与激发滤片要互相匹配。

【实验用品】

1. 仪器和用具

荧光显微镜、激发滤片、吸收滤片、镊子、载玻片、盖玻片、刀片、吸管等。

2. 材料

新鲜菠菜叶片。

3. 试剂

质量分数为 0.85% 的生理盐水；质量分数为 0.01% 的吖啶橙。

【实验方法】

1. 调光源

（1）打开灯源，预热几分钟，方能达到最亮。

（2）调节灯源的激光透镜调节环，使光路对中。

2. 观察间接荧光

向上述切片上滴加 1～2 滴 0.01% 吖啶橙染液，染色 1 min，用生理盐水洗去染液，加盖玻片，置于显微镜下观察。

3. 直接荧光法

取 1～2 片新鲜菠菜叶片样本，用约 5 mL 0.85% 生理盐水清洗并加入 5～10 滴 0.01% 吖啶橙溶液染色，再用 5～10 mL 生理盐水冲洗去除多余染料。将样本置于 1 片载玻片上，覆盖盖玻片，使用荧光显微镜观察，通过激发滤片和阻断滤片确保荧光信号清晰，分析特定成分的分布和特性。

【预期结果】

（1）直接荧光：在使用 B（blue）激发滤片、B 双色镜和 0530（orange）阻断滤片的条件下，叶绿体发出火红色荧光。叶肉细胞叶绿体的自发荧光是火红色。

（2）间接荧光：叶绿体发出橘红色荧光，其中的细胞核发出绿色荧光。

【注意事项】

（1）荧光灯源不能频繁关闭，汞灯点亮 15 min 内不要关灯，一旦关灯，需等 3 min 后冷却下来才能重新开启。

（2）荧光镜检最好在暗室中进行。

（3）在荧光观察短暂中止时，可用光阀阻断光路，不要熄灭汞灯。

（4）吖啶橙有致癌作用，使用时要注意不要沾染到其他地方造成污染。

【实验报告】

绘制叶肉细胞自发荧光和间接荧光图。

【思考题】

（1）如何才能得到较好的观察效果？

（2）什么是荧光？它是怎样发生的？

（3）激发滤片和阻断滤片的功能及其区别有哪些？二者有何关系？怎样选用？

实验3 透射电子显微镜的结构、原理及超薄切片的制备

【实验目的】

了解透射电子显微镜的结构、原理以及使用方法，同时掌握切片的制备过程以及细胞生物学领域中应用透射电子显微镜的具体情况。

【实验原理】

如今，细胞生物学领域的相关研究基本都离不开电子显微镜。电子显微镜也属于一种特殊的显微镜，它与普通显微镜最显著的区别就是光源、透镜的不同，它使用的光源为电子束，透镜为电磁场，具体的成像过程是电子束在通过标本之后会出现散射，这些电子在电磁场的作用下会出现聚集和偏转，最终放大成像。要知道，与光波相比，处于高速运动态的电子束的波长更短，所以电镜的分辨率一定比光镜高，且高得多，一般情况下能达到 0.14 nm，放大倍率更是高达 80 万倍。热阴极发射出的电子在 20 ～ 100 kV 加速电压的作用下经过聚光镜凝聚成电子束，然后撞击样品标本，电子束中的电子会与标本当中包含的各种原子的核外电子碰撞在一起，出现散射现象，这种散射度有强有弱，如细胞中质量高、密度大的区域的电子散射度就强，成像就会偏暗一些；而细胞中质量低、密度小的区域的电子散射度就偏弱，成像就偏亮，这种亮暗对比会在应该屏上绘制出黑白色调的细胞结构图。它主要包含以下几部分：

（1）电子光学系统。这部分是电子显微镜的核心、主体，它直接决定样品能否成像以及成像的质量，主要包括照相室、观察室、投影镜、中间镜、物镜、样品室、聚光镜、电子枪等部分。

（2）真空系统。这部分是保证电子显微镜顺利工作的关键条件，主要用于保证镜筒

之中时刻处于高度真空，至少要低于 10^{-4} Torr（1 Torr ≈ 133.322 Pa），这个数值可以通过真空表获得。它主要包括油扩散泵、机械泵以及按照在镜筒内的各个真空密封垫圈。要知道，电子束是电子显微镜的光源，其在高速运动过程中不能碰到各种游离的气体分子，有效减少碰撞的发生，从而减少放电、电离、灯丝氧化、电子散射、样品被污染等情况的出现，保证观察效果和机器的稳定性。

（3）供电系统。这部分同样是电子显微镜不可或缺的重要组成，主要作用是为电子显微镜提供稳定的电源，主要包括真空泵电源、各透镜电源以及高压系统电源等。

【实验方法】

1. 透射电镜超薄切片制备过程的演示

由于电镜使用电子束为光源，穿透力较弱，因此标本必须是超薄切片，现以家兔肝脏制作标本超薄切片，具体过程如下：

（1）取材：去市场购买一只鲜活的兔子，然后在实验中用乙醚将其麻醉，待兔子被麻醉后立刻切开其腹部，找到肝脏，用刀切下 1 mm³ 组织，放入固定液中固定，整个过程要快，而且尽量在 0 ~ 4 ℃ 的温度中进行，避免兔子细胞结构因兔子死亡出现细微变化。

（2）固定：提前配置体积分数为 2.5% 戊二醛固定液，可以使用 0.1 mol/L（pH = 7.4）的磷酸缓冲液配制，也可以使用 0.1 mol/L（pH = 7.4）的二甲砷酸钠缓冲液配制，肝组织在固定液中至少要保持 2 h。固定液能够在肝组织浸没后及时进入组织细胞当中，保持细胞结构不变，即使发生脱水也不会丢失任何细胞成分，能够保证细胞的结构与生前状态一致。

（3）脱水：固定后用超纯水不断冲洗肝脏组织，然后依次放入 4 ℃ 的体积分数为 30% 乙醇、50% 乙醇、70% 乙醇中保持 10 min，再依次放入体积分数为 80% 丙酮、90% 丙酮、95% 丙酮当中保持 10 min，最后放入 100% 丙酮中保持 20 min，这 20 min 需要分 2 次进行，即每次 10 min，重复 2 次。这个过程可以在室温下进行。如果实验一天做不完，可以第 2 天继续，但过夜样品标本必须放置在 70% 乙醇当中保存。脱水这个环节主要是为了除去细胞中存在的游离态水元素，同时保证包埋剂均匀地深入细胞。

（4）浸透：将脱水过后的样品标本放入装有包埋剂的试剂瓶内，在 30 ℃ 下持续振荡 4 h，中间可以使用红外线灯为其升温，加快浸透过程，包埋剂可以将标本中包含的丙酮置换出去，最常用的包埋剂是环氧树脂，它在聚合后可以制成超薄切片，还能抗住电子束

的轰击。

（5）包埋：将得到的标本放在胶囊底部，再将混合均匀的包埋剂装入胶囊，贴好标签，使胶囊保持直立。

（6）聚合：将上述胶囊分别放置在35 ℃、45 ℃、60 ℃的恒温箱中保持24 h，确保包埋剂逐渐变硬，从流体变成固体，以便于切片时肝脏组织细胞结构不受影响。

（7）超薄切片：电镜所用光源为电子束，基本无法穿透厚度超过100 nm的切片，所以透射电镜的切片厚度必须小于100 nm，50～70 nm最好。在进行切片之前，需要先将标本包埋块的顶端切割成接近45°的四边锥体，保证标本显露，切面最好呈现长0.4 mm、宽0.6 mm的长方形切面或梯形切面。切片时，需要用标本夹夹紧标本包埋块，固定在切片机臂的最远一侧。常用的切片刀为玻璃刀，钻石刀也有很多人使用。在标本包埋块下方用胶带布置一个装满水的水槽，保证切片在切下后能落在水面上，具体厚度可以通过切片与水面反射光形成的干涉色来判断，最后用铜网收集标本切片。

（8）染色：在平皿中放一蜡纸片，在蜡纸上滴一滴醋酸铀染液，然后用弯头的小镊子夹住铜网边缘，将沾有切片的一面朝下，浸入到染液当中，盖上平皿盖，染色10～20 min。将铜网捞出水洗，然后再使用相同的方法浸入柠檬酸铅染液中染色15 min，再用1%NaOH溶液清洗一次，水洗2次，干燥后观察。染色的原理是利用重金属（如铅、铀等）与组织中某些成分结合，可提高这些组分对电子的散射能力，增进超薄切片中不同组织成分对电子散射的差异，使细胞的超微结构得到充分表现，形成与细胞结构相应的图像，并提高图像反差，因此该染色也称电子染色。

2.电镜操作的演示

学生可以分成多个小组分批到电镜室参观，听电镜室老师讲解电镜的相关知识，了解其基本操作，同时观看电镜下得出的样品照片。电镜技术是一门独立而复杂的实验技术，因此本实验指导中没有详细描述其具体的操作过程。

3.电镜照片的展示

可以向学生提供一系列具有代表性的动植物细胞超微结构的电镜照片让他们观察和学习，以帮助他们了解各种亚细胞结构的超微结构特征。

【预期结果】

对透射电子显微镜的原理、构造和大致工作流程有个初步的认识，观察到几种细胞的超微结构。

【注意事项】

（1）取材的速度一定要快，以确保新鲜，活组织在离体 1～2 min 后必须放入固定液中，并保存在 4 ℃ 冰箱。

（2）所取的组织块不能太大，一般要求切成 1 mm³，如果太大，标本中心部位得不到良好固定。同一部位组织（同一观察目标）需要取 4～5 块。

（3）电镜室内禁止大声喧哗，要严守纪律。

实验 4　扫描电子显微镜的标本制备与观察

【实验目的】

了解扫描电子显微镜的基本原理、结构及其使用技术。

【实验原理】

电子枪发射出的热电子，在加速电压作用下，形成高速电子流，经聚光镜和物镜的作用形成一极细的电子束，扫描于标本表面。入射电子与标本中的原子相互作用产生二次电子，二次电子的数量和每个电子的能量随标本表面形状及元素成分的不同而变化。二次电子被接收并经过放大，即可在荧光屏上显现出被放大的标本表面图像。

扫描电镜在结构上主要是由电子枪、电磁透镜、扫描线圈、样品室、信号收集、处理及显示系统、真空系统，以及供电保护系统和循环冷却系统等部分组成。其中，电子枪、电磁透镜、扫描线圈又被称为电子光学系统。

电子枪所发射电子的波长一般为 1～10 nm，使用的电压范围为 1～10 kV。扫描线圈为扫描电镜所特有的结构，可作光栅状扫描，以便在荧光屏上显示出扫描图像。扫描电镜的样品室较大，样品有专用的样品托，可在样品室内进行不同方向的平移和倾转；另外，在样品室内还装配有检测部件。信号的收集、处理及显示系统包括二次电子探测器、光电倍增管和显像管。二次电子探测器由闪烁体和光导管构成，主要作用是收集标本表面发射出的二次电子，并将其转变为光子；光电倍增管可将光子信号放大并转换为电压信号；显像管可将所接收到的电压信号转变成亮度不同的图像。

【实验方法】

1. 扫描电镜标本制备

以家兔支气管为例，制备过程如下：

（1）取材：麻醉家兔，解剖暴露支气管，用刃器切取小段支气管，剖开，再切取 2 mm × 5 mm 大小的一块管壁，保护要观察的内表面（即黏膜面），并用缓冲液或生理盐水清洗两次。如黏膜表面有较多黏液时，可用胰酶溶液消化，再清洗。

（2）固定：把标本迅速投入固定液中，其固定程序与透射电镜标本固定相同。

（3）导电处理：把经锇酸固定的标本清洗后放入 2% 单宁酸中 10 min，再用超纯水清洗 3 次，然后放入 1% 锇酸中浸泡 30 min。

（4）脱水：把用超纯水洗过的标本依次放入体积分数为 30%、50%、70%、80%、90%、95%、100% 的乙醇中脱水各 10 min，然后将标本移入乙酸异戊酯中，置换出乙醇。

（5）临界点干燥：将标本置入临界点干燥器的密闭标本室中，打开进气阀门，充入液体 CO_2，其量不少于标本室容积的 2/3。关闭开关，并升温使标本室达到临界状态（31.4 ℃，72.8 个标准大气压），此时液态与气态界面消失。加温过程中温度可达 40 ℃，标本室内压力可达 80 ~ 120 个标准大气压，然后缓慢放气，放气时间不应少于 2 h。

注意：临界点干燥是扫描电镜标本制备的一种重要干燥方法，它能消除表面张力，使标本在干燥过程中不损伤、不变形。

（6）镀膜：把干燥的标本用导电胶固定在标本台上（注意观察面向上），把标本台放在离子镀膜机阳极载台上，在低真空下（0.1 Torr）加高电压（1.0 ~ 1.2 kV）使阴极（金靶）与阳极间形成电场，把残存的气体分子电离，阳离子打向金靶，金原子溅射出来落在标本表面，形成一层金膜。这不仅保存了组织表面形态，而且电子束射到标本上容易激发二次电子，并有良好的导电性能，可产生质量好的图像。

2. 观察支气管纤毛上皮的表面立体超微结构

扫描电镜操作（示范）：老师讲解扫描电镜的主要结构、工作原理，并演示如何观察家兔支气管纤毛上皮的样品图像。

【预期结果】

对扫描电镜的原理、构造和大致工作流程有个初步的认识，观察支气管纤毛上皮的表面立体超微结构。

【注意事项】

进入电镜室观看演示时不要大声喧哗，遵守纪律。

【实验报告】

绘制所观察到的支气管表面结构。

【思考题】

（1）通过本实验的学习，比较光镜和扫描电镜工作原理的区别。

（2）比较扫描电镜和透射电镜的主要异同点。

第2章　细胞结构与测定

实验5　微核测定法

【实验目的】

熟悉微核形成的基本原理，熟悉微核的制备方法和判断标准。

【实验原理】

微核（micronucleus）是在间期细胞观察到的染色体畸变的遗留产物。它存在于动物和人体的正常细胞与异常细胞。正常细胞微核率极低，约 0.1%。但癌症以及某些疾病患者的外周血淋巴细胞，受环境污染的鱼类、两栖类、哺乳类等细胞内其微核出现率明显增高。这是因为遗传毒物或致变因子作用于间期细胞染色质或有丝分裂染色体和纺锤体时，能导致染色体断裂，断片或整条染色体从纺锤体脱落，继而在分裂末期及以后的间期细胞中形成与主核脱离的微核。因此微核测定是检测环境致癌物、致突变物的重要手段之一。

【实验用品】

1. 材料

人体外周血、小白鼠、鱼类、微核玻片标本。

2. 器材

超净工作台、离心机、恒温水浴箱、恒温箱、离心管、吸管、30 mL 圆形培养瓶、注射器、解剖器、载玻片、试管架、显微镜。

3. 试剂

RPMI1640、肝素液、小牛血清、植物血凝素、青霉素、链霉素、秋水仙素、环磷酰胺、甲醇、冰乙酸、氯化钾。

【实验方法】

1. 人外周血淋巴细胞微核的显示方法

（1）培养：按常规采血、接种进行外周血淋巴细胞培养，置 37 ℃温箱培养 72 h。培养终止前 2 h 加入秋水仙素，其终质量浓度为 0.1 μg/mL 培养液。

（2）收集细胞：用吸管把每瓶的细胞悬液混匀吸入 5 mL 刻度离心管中，1 000 r/min 离心 10 min。

（3）低渗处理：吸去上清液，加入预温的浓度为 0.06 mol/L KCl 至 4 mL，用吸管混匀。置 37° 水浴箱或温箱中低渗 8 min。

（4）预固定：加 1 mL 固定液，混匀，离心 8 min，1 000 r/min。

（5）固定：吸去上清液，沿离心管壁用吸管徐徐加入固定液 3 mL，用吸管吹打均匀；再加固定液至 5 mL 刻度，轻轻混匀，静置 30 min；最后以 1 000 r/min 离心 10 min。按上述法重复固定一次。

（6）制片：去上清液，留下 0.2 mL，加入新鲜固定液 0.2 ~ 0.4 mL（视细胞多少而定）制成细胞悬液，用吸管将上述细胞悬液滴 2 滴于冰湿玻片上，室温晾干或烤箱烘干。

（7）染色：Giemsa 液染色 15 min，自来水冲洗，干后镜检。

2. 哺乳动物骨髓嗜多染红细胞微核测定方法

（1）取材：选择 7 ~ 12 周龄的健康小白鼠，体重 20 g 左右。用环磷酰胺 30 mg/kg 剂量，一次腹腔注射。24 h 后用颈椎脱臼法处死小白鼠，取两侧股骨。剪去股骨两端，用注射器吸取小牛血清 1 mL，将针头插入骨髓腔内，把骨髓冲入 5 mL 离心管中，用吸管轻轻吹打数次。1 000 r/min 离心 5 min。吸去上清液，留少许血清，用吸管混匀，制成细胞悬液。

（2）制片：吸取一小滴细胞悬液放在载玻片一端，推成薄层，空气中晾干或火焰干燥。放入甲醇中固定 5 ~ 10 min。

（3）染色：把固定的标本放入 Giemsa 磷酸盐缓冲液中染色 15 ~ 20 min，干后镜检。

3. 鱼类红细胞微核测定方法

（1）血液涂片：取受水质污染的鱼类，用心脏抽血或断尾取血的方法，制成血涂片，空气干燥备用。

（2）固定：用甲醇固定 15 min，气干。

（3）染色：用 Giemsa 染色 15～20 min，干后镜检。

【实验结果】

1. 微核判断标准

（1）微核需在胞质完整清晰无杂质的间期细胞中观察，形态为圆形或椭圆形，边缘光滑、整齐。

（2）微核直径为主核的 1/8～1/5。

（3）与主核完全脱离。

（4）嗜色性及折光性与主核一致或略淡。

2. 统计方法

在低倍镜下找到标本，转换高倍镜选择细胞分散、染色良好的区域，再转油镜观察计数 1 000 个胞质清晰的细胞，记录其微核细胞数和微核数，求出其微核细胞率和微核率。

（1）微核细胞率。出现微核（一个或多个）的细胞数与所观察的细胞总数的比值，以千分率表示。

（2）微核率。出现的微核数与所观察的细胞总数的比值，以千分率表示。

【思考题】

（1）简述微核的形成原理。

（2）微核检测有何意义？

🔬 实验 6　毛囊细胞核仁组织区银染法

【实验目的】

了解核仁组织区银染的原理，初步掌握银染方法的操作过程。

【实验原理】

核仁的功能包括 rRNA 的合成、加工和核糖体大、小亚基的装配。

核仁组织区（nucleolar-organizing region，NOR）位于核仁的纤维部分，是参与形成核仁的染色质区，它具有 rRNA（rDNA），在细胞分裂期，分布在特定染色体（人类 13、14、15、21、22）的次缢痕处。银染核仁组织区蛋白能反映 rRNA 的转录活性。NOR 银染物质是同 rRNA 转录密切相关的酸性蛋白质（C_{23} 蛋白，MW：100 kD 和 Brs 蛋白，MW：37 kD），这类酸性蛋白质含有 SH 基因和二硫键，可将 $AgNO_3$ 中的 Ag^+ 还原为黑色的银颗粒，具有很强的嗜银性。实验证明，有转录活性的 NOR 才能被银染。所以，可以用 AgNOR 的技术来研究 rRNA 基因的转录活性。

【实验用品】

1. 材料

带有毛囊组织的头发。

2. 器材

恒温水浴箱、显微镜、解剖刀、镊子、载玻片、培养皿或铝盒、吸管。

3. 试剂

体积分数为 40% 的醋酸溶液、甲醇、冰乙酸、5 mol/L 盐酸、2% 明胶溶液、50% 硝酸银溶液、去离子水。

【实验方法】

（1）用镊子拔取带毛囊细胞的头发 2～3 根置载玻片中央。加 2～3 滴 40% 乙酸溶液，室温放置 10 min 左右，使毛囊软化。

（2）用刀片刮下毛囊细胞，弃去头发，用刀尖或针尖将毛囊细胞分散并均匀涂于载玻片中央，在酒精灯上远火干燥。

（3）加 2～3 滴固定液（甲醇 3 份、冰乙酸 1 份），固定 15 min，自然干燥。

（4）加浓度为 5 mol/L 的盐酸 2～3 滴，静置 10 min。

（5）蒸馏水冲洗，自然干燥或火焰干燥。

（6）将玻片标本置入下铺潮湿吸水纸的容器中，容器放入 37 ℃ 水浴箱。

（7）在标本上加 1 滴 2% 的白明胶溶液，2 滴 50% 的硝酸银液，用洗耳球吹匀，盖下水浴箱盖，37 ℃ 15 min 或 70 ℃ 3 min（此步一定要避光）。

【实验结果】

经过银染后的毛囊细胞，细胞质不着色，细胞核呈淡黄色，$AgNOR_s$，颗粒为棕黑色。

银染颗粒大小一致，呈圆形或卵圆形，位于核的中央或偏中央。

【思考题】

（1）AgNOR 法见到银染部位位于核仁的什么区域？

（2）银染的化学成分是什么？

（3）银染方法为什么只在核仁形成区显色？

（4）NOR 银染有什么意义？

（5）人类核仁的形成与哪几条染色体有关？核仁组织区位于核仁的什么部位？

（6）核仁组织区银染的主要药品是什么，浓度为多少？

实验 7　细胞的超微结构

【实验目的】

通过细胞的电子显微镜照片或录像片的观察，掌握细胞各部分超微结构的特点。

【实验用品】

1. 材料

真核细胞的电子显微镜照片，细胞超微结构的录像片。

2. 器材

电视或多媒体系统。

【实验原理与方法】

1. 观看原核细胞、真核细胞超微结构的录像片

放映原核细胞、真核细胞超微结构的录像片，供学生观看。

2. 真核细胞各部结构的电子显微镜照片

真核细胞（eucaryotic cell）具有复杂的内膜系统（internal memberane system），由核膜将核物质包围起来形成特定的核，除有各种膜性细胞器外，还有复杂的多种非膜性细胞器。

（1）细胞膜（cell membrane）和细胞表面（cell surface）：细胞膜又称质膜（plasma membrane），是包围在细胞外的一层薄膜，使细胞具有一定形态，并与外环境分隔，也是细胞与外环境发生联系从而维持细胞内环境稳定的重要结构。

电镜下人红细胞膜呈三层结构，内外两层为致密的深色带，中间一层为疏松的浅色带，这三层结构称为单位膜（unit membrane）。

观察水母的卵细胞。细胞膜向外突出形成微绒毛，外表面可见一层绒毛状物（gx），是一层黏多糖物质，称细胞被（cell coat），覆盖在细胞膜外表面。细胞膜与细胞被共同构成细胞表面。

（2）线粒体（mitochondria）：是由两层单位膜围成的封闭的囊状结构，是细胞内物质氧化和供能的细胞器。

观察蝙蝠胰腺细胞线粒体电子显微镜照片（约 50 000 倍）。线粒体外膜光滑，内膜向内折叠形成嵴（cristae），内外膜之间的腔称膜间腔，内膜以内空间称内腔，内腔中充满线粒体基质，基质内分布着电子密度大的基质颗粒，是 Ca^{2+} 和 Mg^{2+} 等离子的聚合物。

观察分离的蝙蝠心肌细胞线粒体嵴的负染色法高分辨电子显微镜照片。

可见嵴上分布着与之垂直的球形小体，即为基粒（elementary particle）（ATPase 复合体），由头部、柄部和基片三部分组成。

线粒体的嵴间腔、膜间腔和内膜上所具有的许多排列有序的酶系是线粒体氧化供能的高效性和有序性的结构基础。

（3）内质网（endoplasmic reticulum，ER）：由一层单位膜围成的相互通连的片层性管网状结构，分为粗面内质网和滑面内质网两类：

粗面内质网（rough endoplasmic reticulun，RER）：是附着有核糖体的内质网。观察胰腺细胞，可见许多紧密平行排列的扁平囊结构，膜的外表面附着许多颗粒状物，即为附着的核糖体。

滑面内质网（smooth endoplasmic reticulun，SER）：是无核糖体附着的内质网。观察小鼠睾丸间质细胞，可见许多大小不等的分枝的囊泡状结构，膜表面光滑、无核糖体附着。它们之间游离着许多小的糖原颗粒，较大的团块状物为线粒体的横切面。

（4）高尔基复合体（Golgi complex）：由一层单位膜构成，由扁平囊、大囊泡和小囊泡组成。

观察小鼠输精管细胞的高尔基复合体，其中最显著、最具特征的部分是紧密平行排列、略弯曲、星弓形的扁平囊泡，5 ～ 10 个重叠在一起，其囊腔较小。凹面称为分泌面，可见有的扁平囊泡扩大形成大囊泡，游离的大囊泡又称分泌泡；凸面称为形成面。

观察变形虫的高尔基复合体，箭头所指为大囊泡即将由扁平囊末端脱离时的情形，有助于说明扁平囊泡、大囊泡、小囊泡是高尔基复合体功能活动不同阶段的形态表现。

（5）溶酶体（lysosome）：由一层单位膜围成的囊泡状结构，内含多种酸性水解酶。

人肝脏当中的星形细胞，主要由初级溶酶体、吞噬小泡、次级溶酶体、残质体、细胞表面皱襞、淋巴细胞等组成。初级溶酶体呈致密匀质的囊泡，内含水解酶但无底物；吞噬小泡正深入细胞质，与初级溶酶体结合形成次级溶酶体。次级溶酶体基质不均，形态多样，大小不等，内部含有水解酶、作用底物和消化产物；残质体较大，呈不均质状；细胞表面可见皱襞，吞饮泡明显，周围分布有淋巴细胞。

在肾小管上皮细胞当中，溶酶体呈电子致密状，形态多为圆形或椭圆形，大小不等。线粒体结构清晰，微绒毛从细胞膜向管腔突出，增强吸收能力。部分细胞膜区域出现内折现象，可能与物质转运或细胞活动相关。

（6）核膜（nuclear membrane）或核被膜（nuclear envelope）和核孔（nuclear pore）：核膜由两层单位膜构成，包围着核物质，使之集中在细胞质的一定区域内并形成特定形态的核。

观察大鼠的胰腺细胞。N：细胞核。NE：核被膜。可清楚地分辨核膜外层和核膜内层。

观察人未成熟淋巴细胞经核膜横切面。N：核；R：核糖体；F：染色质。可辨别核外膜和内膜。

（7）核糖体（ribosome）：核糖体是由 rRNA 和蛋白质组成的非膜性细胞器，直径为 15 ~ 20 nm 的致密颗粒，高倍率电镜观察时略带棱角，可明显分辨出大、小两个亚基。

观察高倍放大的小鼠肝细胞粗面内质网电镜照片。M：内质网膜，内质网膜外的致密颗粒为附着核糖体（attached ribosome）；X：内质网腔；L：大亚基，附着在内质网膜上。S：小亚基。

观察大鼠卵巢滤泡多聚核糖体（Ps），可分辨出核糖体的大小亚基。

（8）微管（microtubule）、微丝（microfilament）和中等纤维（intermediate fiber）：观察仓鼠肾脏成纤维细胞的纵切面。MF：微丝，分布于细胞膜内面（4 ~ 6 nm）；MT：微管（25 nm），位于细胞质深部；IF：中等纤维（12 nm）。

微管是中空的纤维状结构，分散或聚集成束存在于细胞中，可构成纺锤体、纤毛、鞭毛、中心体等。观察真核细胞鞭毛横切面，可见周边规则排列着 9 组微管。D：一组微管，由 A、B 两个亚微管组成；S：中部的两个中央微管；鞭毛横切面呈"9×2+2"的图式；Dy：动力蛋白，与鞭毛运动有关，属于微管相关蛋白。

微丝为实心纤维状结构，直径 4 ～ 6 nm，分散存在或交织成网状，或紧密排列成束。

中等纤维是直径介于微管和微丝之间的纤维结构，为 10 ～ 12 nm。

这三种细胞器虽然在形态大小、结构和功能上有所不同，但对细胞均有支持作用，故统称为细胞骨架（cellular skeleton）。

（9）中心粒（centriole）：观察鸡胚肠细胞电子显微镜照片。P：质膜；V：微绒毛；1和 2：两个中心粒的纵切面，双向箭头表示两个中心粒的长轴方向。

观察中国仓鼠培养细胞的中心粒。上方为一个中心粒的斜切面，下方是另一中心粒的横切面，环壁由 9 束微管斜向排列而成，每束微管由三根亚微管组成。无中央微管，呈"9×3+0"图式。

（10）核仁（nucleolus）：核仁位于细胞核内，为无膜包绕的海绵网团状结构。观察大鼠胰腺细胞电镜照片。

（11）染色质（chromatin）和染色体（chromosome）：染色质是间期核中能被碱性染料着色的物质。根据其形态和功能分为常染色质（euchromation）和异染色质（heterochromatin）。

近代研究表明，染色质的基本结构是由若干重复的亚单位核小体（nucleosome）组成，其形态呈串珠状。观察蝾螈卵母细胞的染色质电子显微镜照片，可见核心颗粒呈细丝状连接。

细胞进入分裂期，染色质高度螺旋化，成为更粗的丝状结构。

【思考题】

列表总结上述各种细胞器的亚微结构特点及其主要功能。

实验 8　细胞凝集反应与细胞膜的通透性观察

【实验目的】

了解细胞膜的表面结构，了解细胞凝集原理和凝集素的作用，了解细胞膜的通透性

和各类物质进入细胞的速度，了解溶血现象及其发生机制。

【实验原理】

1. 细胞凝集

细胞膜是双层脂镶嵌蛋白质结构，脂和蛋白质又能与糖分子结合为细胞表面的分枝糖外壁。目前认为：细胞间的联系，细胞的生长和分化，免疫反应和肿瘤发生都与细胞表面的分支状糖分子有关。

凝集素（lectin）是一类含糖（少数例外）并能与糖专一结合的蛋白质，它具有凝集细胞和刺激细胞分裂的作用。凝集素使细胞凝集是由于它与细胞表面的糖分子连接，在细胞间形成"桥"的结果。

2. 细胞膜通透性

细胞膜是细胞与环境进行物质交换的选择通透屏障。它是一种半透膜，可选择性控制物质进出细胞。因此各种物质进入细胞的方式和速度是不同的。

水是生物界最普遍的溶剂，水分子可以按照溶液总的渗透压梯度从渗透压低的一侧通过细胞膜向渗透压高的一侧扩散，而溶解于水中的各种溶质则可以按照该溶质的浓度梯度由高浓度的一侧向低浓度的一侧扩散。

将红细胞放入低渗盐溶液中，水分子将大量渗透到细胞内，使细胞膨胀直至破裂，血红蛋白释放到介质中，溶液由原来不透明的红细胞悬液逐渐变成红色透明的血红蛋白溶液，这种现象即称为溶血。而将红细胞放入等渗透压的溶液中时，如果膜内外同种溶质的浓度不同，就会引起溶质通过细胞膜由高浓度向低浓度一侧渗透。各种物质进出细胞膜的速度不同，又会导致膜两侧渗透压的变化，仍可能导致溶血的发生。溶质进入细胞膜的速度越快，则发生溶血的时间越短。

【实验用品】

1. 细胞凝集反应

（1）材料：土豆块茎，鸽子、鸡、兔或鱼的血。

（2）器材：光学显微镜、注射器、止血钳、剪刀、离心管、吸管、小烧杯、试剂瓶、消毒棉花、酒精灯、火柴、擦镜纸、载玻片、粗天平、小刀、量筒。

（3）试剂：PBS缓冲液、络合碘、0.85%生理盐水、蒸馏水、乙醚、1%肝素钠。

2.细胞膜的通透性

（1）材料：鸽子、鸡、兔或鱼的血。

（2）器材：普通离心机、10 mL 刻度试管、10 mL 离心管、试管架、滴管。

（3）试剂：肝素抗凝剂、蒸馏水、0.17 mol/L 氯化钠、0.17 mol/L 氯化铵、0.17 mol/L 醋酸铵、0.17 mol/L 硝酸钠、0.12 mol/L 草酸铵、0.12 mol/L 硫酸钠、0.32 mol/L 乙醇、0.32 mol/L 甘油、0.32 mol/L 葡萄糖、0.32 mol/L 丙酮、0.34 mol/L 氯化钠。

【实验方法】

1.细胞凝集反应

（1）以无菌方法取实验动物血液（加抗凝剂），用生理盐水洗 2 次，每次 1 000 r/min，离心 5 min，最后按压积红细胞体积用生理盐水配成 2% 的红细胞液。

（2）称取去皮土豆块茎 2 g、4 g、8 g，分别加 10 mL PBS 缓冲液，浸泡 2 h，浸出的提取液中含有可溶性土豆凝集素。

（3）用滴管吸取土豆凝集素和 2% 的红细胞液各一滴，置于载玻片上，充分混匀，静置 20 min 后于低倍镜下观察血细胞凝集现象。

（4）以 PBS 液直接加 2% 的血细胞液做对照实验。

2.细胞膜的通透性

（1）血红细胞悬液制备：抽取血液 2 mL，加入 0.17 mol/L 氯化钠 8 mL，混匀，1 000 r/min 离心 5 min，弃去上清液。然后加入 0.17 mol/L 氯化钠至 10 mL，混匀。

（2）不同状态下血红细胞的变化：取三支试管分别将上述悬液 1 mL 加入试管，分别在不同的试管中加入蒸馏水、0.17 mol/L 氯化钠溶液、0.34 mol/L 氯化钠溶液至 10 mL，观察试管中悬液的变化情况。

（3）不同溶质的观察：另取试管，每个试管中加入红细胞悬液 1 mL，分别加入表 2-1 所列试剂至 10 mL，观察悬液的变化。如发生溶血则记录发生溶血的时间。

【实验结果】

如实验数据列表（表 2-1）所示，比较各试剂使红细胞发生溶血所需时间的多少，分析各溶质进入细胞速度的差别。

表 2-1　实验结果列表

试剂	状态变化	所需时间	分析
蒸馏水			
0.17 mol/L氯化钠			
0.32 mol/L氯化钠			
0.17 mol/L氯化铵			
0.17 mol/L醋酸铵			
0.17 mol/L硝酸钠			
0.12 mol/L草酸铵			
0.12 mol/L硫酸钠			
0.32 mol/L乙醇			
0.32 mol/L甘油			
0.32 mol/L葡萄糖			
0.32 mol/L丙酮			

【思考题】

用简图表示血细胞凝集原理。

实验 9　细胞骨架观察

【实验目的】

掌握考马斯亮蓝 R250 染动物细胞质微丝的方法；了解并掌握用间接免疫荧光法显示细胞内微管的原理和操作方法。

【实验原理】

细胞骨架（cytoskeleton）是指真核细胞中错综复杂的蛋白纤维网络结构。按纤维直径、组成成分和组装方式的不同，细胞骨架可分为微丝（micro filament）、微管

（microtubule）和中间纤维（intermediate filament）。目前观察细胞骨架的手段主要有电镜、组织化学和间接免疫荧光技术等。

细胞骨架是真核生物细胞中的重要结构，起细胞支架的作用，并参与胞内物质运输、细胞运动、分泌吸收、细胞通信、有丝分裂等。细胞骨架必须形成一定密度的网络系统才能维持细胞的正常功能。细胞骨架可在一定程度上反映细胞的生理状态，对其进行研究已成为当今细胞生物学中较具吸引力的领域之一。

微丝普遍存在于多种细胞，对细胞的形状和运动有一定作用。当用适当浓度的 Triton X-100 处理细胞时，可将细胞质膜中和细胞质中的蛋白质与全部脂质被溶解抽提，但细胞骨架系统的蛋白质不受破坏而被保存，经戊二醛固定，考马斯亮蓝 R250 染色后，可在光学显微镜下观察到由微丝组成的微丝束为网状结构，这就是细胞骨架。考马斯亮蓝 R250 是一种普通的蛋白质染料，能和各种细胞骨架蛋白质着色，并非特异性显示微丝。由于有些细胞骨架纤维在该实验下不够稳定，例如微管；还有些纤维太细，在光学显微镜下无法分辨，因此我们看到的主要是微丝组成的张力纤维，直径约 40 nm。张力纤维形态长而直，常常与细胞的长轴平行并贯穿细胞全长。

微管的间接免疫荧光，首先用抗微管蛋白的一级抗体（如兔抗微管蛋白抗体）与在体外培养的细胞一起温育，此抗体能够与胞质中的抗原—微管特异性结合。然后再加入荧光素标记的二级抗体，如异硫氰酸荧光素（FITC）标记的羊抗兔抗体共同温育。该二级抗体可以与一级抗体特异性结合，使微管间接地标上荧光素。最后在荧光显微镜下用一定波长的激发光照射，即可通过荧光所在间接地观察到微管的形态和分布。

【实验用品】

1. 仪器和用具

普通光学显微镜、荧光显微镜、温箱、细胞培养设备、平皿、载玻片、盖玻片、水浴锅、镊子、试管、吸水纸、擦镜纸、香柏油等。

2. 材料

食管癌细胞。

3. 试剂

（1）PEMP 缓冲液：100 mmol/L Pipes，1 mmol/L EGTA，1 mmol/L MgCl$_2$，pH 为 6.8。

（2）0.5%Triton X-100/PEMP 溶液。

（3）PEMD 缓冲液：将 DTT 加入 PEM 缓冲液中，至其终浓度为 1 mmol/L。

（4）固定液：3.7% 甲醛 –PEMD。

（5）PBS：8.00 g NaCl，0.20 g KCl，1.44 g Na_2HPO_4，0.24 g KH_2PO_4，溶于 800 mL 去离子水中，用 HCl 或 NaOH 调 pH 至 7.4，用去离子水定容至 1 000 mL。

（6）免抗微管蛋白血清（一抗）。

（7）FTTC– 羊抗免抗体（二抗）。

（8）封片液：甘油 –PBS（9∶1，pH 为 8.5 ～ 9.0）。

（9）M– 缓冲液。

（10）0.2% 考马斯亮蓝 R250。

（11）3% 戊二醛。

（12）1%TritonX–100/M– 缓冲液。

【实验方法】

1. 微丝束的光学显微镜观察

（1）细胞培养在盖玻片上，生长密度达 10% ～ 80% 时取出，用 PBS 轻轻漂洗。

（2）吸去 PBS，用 1%TritonX–100/M– 缓冲液处理 20 min。

（3）吸去 1%TritonX–100，用 M– 缓冲液洗 3 次。

（4）用 3% 戊二醛固定 10 min。

（5）用 PBS 轻轻冲洗 3 次，用滤纸吸干。

（6）用 0.2% 考马斯亮蓝 R250 染色 20 min。

（7）用蒸馏水洗 1 ～ 2 次，将盖玻片铺在载玻片上，镜检观察。

（8）预期结果：食管癌细胞中出现蓝色呈辐射状的网状结构。

2. 微管的间接免疫荧光观察

（1）细胞培养在平皿中的盖玻片小条上，当达到 70% ～ 80% 融合时取出，用 37 ℃ 预温的 PEMP 缓冲液轻轻漂洗细胞。

（2）用 0.5%Triton X–100/PEMP 溶液在 37 ℃ 处理细胞 1.5 ～ 2.0 min。

（3）用 PEMP 缓冲液洗细胞 2 次。

（4）用 3.7% 甲醛 –PEMD 溶液在室温下固定细胞 30 min，然后用 PBS 漂洗 3 次，每次 5 min。

（5）滴加适当稀释的微管蛋白抗体（用 0.3%Triton X–100/PBS 稀释成 1∶4、1∶8、1∶16 等不同梯度）在细胞上，将长满细胞的盖玻片反扣在清洁的载玻片上，放在湿盒中于 37 ℃ 温育 30 min。

（6）取出样品，按下列顺序洗涤，以除去残余的一抗：PBS→1%Triton X-100/ PBS→PBS，每次漂洗 5 min。

（7）在细胞面上滴加 FITC- 羊抗兔抗体（以 0.3%Triton X-100/PBS 稀释成 1∶4 或 1∶8）。然后同步骤（5）处理后，将其置于 37 ℃ 温育 1 h。

（8）按步骤（6）洗涤细胞后，用去离子水清洗样品 2 次，每次 5 min。

（9）干燥后，用甘油 -PBS（9∶1）封片。置荧光显微镜下蓝光激发。先用低倍镜观察，后转油镜观察。

（10）预期结果：微管由于通过间接荧光免疫法标记了 FITC，因此在荧光显微镜下蓝光激发后显示出明亮的绿色荧光。

【注意事项】

（1）漂洗细胞要轻，以免细胞脱落。

（2）为获得清晰的荧光图像，每步洗涤都要充分，并吸去多余水分（但也不要干透），以免稀释下一步的抗体或试剂。

【实验报告】

（1）分别绘制细胞中微丝和微管形状与分布图。

（2）简述微管的间接免疫荧光观察的原理。

【思考题】

（1）是否使用的抗体浓度越高，温育的时间越长，免疫荧光图像就越清晰？

（2）在观察细胞骨架时，为什么不选用 -20 ℃ 的甲醇固定细胞？

（3）秋水仙素、细胞松弛素等对细胞骨架有何影响？可在本实验中加入这两种试剂的处理，并观察其结果，作为设计性实验。

第3章 细胞器的分离分析技术

🔬 实验10 植物细胞液泡和动物细胞液泡系的超活染色

【实验目的】

观察植物活细胞内液泡和动物细胞高尔基体的形态、数量与分布，学习液泡和高尔基体的超活染色技术。

【实验原理】

液泡是植物细胞和动物细胞中一种重要的细胞器，它们有着各自的功能特性。在植物细胞中，主要的液泡是大液泡，它的功能包括贮存营养物质和废物、维持细胞内的离子平衡、控制细胞的胀大和生长等；而在动物细胞中，液泡主要是囊泡，包括内质网、高尔基体和内吞囊泡等，它们主要参与细胞内物质的运输和分泌、内吞和排泄、细胞自噬等过程。

液泡的观察和研究对了解细胞的生理过程和探索细胞病理机制具有重要意义。但是，由于液泡通常是透明的，因此直接用显微镜观察并不能清楚地看到它们。为此，研究者发明了各种染色方法，通过给液泡染色，使它们在显微镜下可见，从而能够清楚地观察和研究液泡。

本实验的主要目的就是通过超活染色方法，观察和研究植物细胞与动物细胞中的液泡。超活染色是一种使用特定的荧光染料，使得细胞内的某些特定成分产生荧光，然后通过荧光显微镜进行观察的技术。在本实验中，我们将使用一种能够特异性地染色液泡的荧光染料，让液泡在荧光显微镜下发出荧光，从而清楚地观察和研究液泡。

首先，我们需要准备好实验材料，包括待观察的植物细胞和动物细胞样本、液泡特异性荧光染料、荧光显微镜等。然后，将荧光染料加入到细胞样本中，让染料与液泡发生反应，使液泡被染色。最后，通过荧光显微镜观察和拍摄液泡的荧光图像，从而得到液泡的形状、大小、分布等信息。

本实验的难点在于如何选择合适的荧光染料和控制好染色条件，以得到清晰、准确的液泡荧光图像。此外，由于液泡是活细胞内的细胞器，液泡的形态和功能可能会受到细胞状态和环境条件的影响，因此，在实验过程中还需要注意细胞的处理和培养条件，以保证实验的准确性和可靠性。

通过本实验，我们不仅可以获得关于液泡的直观信息，还可以通过液泡的进一步研究，探索液泡在细胞生物学中的重要作用，为理解细胞的生理过程和病理机制提供新的线索与方法。

【实验用品】

1. 仪器和用具

显微镜、解剖用具、镊子、双面刀片、载玻片、盖玻片、表面皿、吸管、吸水纸等。

2. 材料

小麦幼根根尖、烟草悬浮细胞、牛蛙。

3. 试剂

（1）Ringer 溶液（生理盐水，任氏溶液）：氯化钠 4.25 g、氯化钙 0.06 g、碳酸氢钠 0.10 g、氯化钾 0.07 g、Na_2HPO_4 5.0 mg、葡萄糖 1.00 g，加去离子水至 500 mL。

（2）1%、1/3 000 中性红溶液：称取 0.50 g 中性红溶于 50 mL Ringer 溶液，稍加热（30 ～ 40 ℃）使之很快溶解。用滤纸过滤，得到 1% 的中性红母液，装入棕色瓶中。使用前，取 1 mL 1% 中性红母液与 29 mL Ringer 溶液混匀，得到 1/3 000 中性红溶液，装入棕色瓶备用。

注意：要将中性红母液置于暗处保存，否则易被氧化形成沉淀，失去染色能力。

【实验方法】

1. 植物细胞液泡系的中性红染色观察

（1）载玻片上加 1 滴 1/3 000 的中性红溶液。取培养好的烟草悬浮细胞，或用双面刀片把萌发好的小麦胚根根尖（1 ～ 2 cm）小心切一纵切片，放入载玻片上的溶液中，染色 5 ～ 10 min。

（2）用滤纸吸去中性红溶液，滴一滴 Ringer 溶液，加盖玻片。对于小麦根尖切片，需用镊子轻轻地下压盖玻片，使根尖压扁，利于观察。

（3）在显微镜下，很容易看到烟草细胞中被染成玫瑰红的大液泡或多个大小不等的液泡；对于小麦根尖切片，先观察根尖部分的生长点的细胞，可见细胞质中散在很多大小不等的染成玫瑰红色的圆形小泡，这是初生的幼小液泡。由生长点向伸长区观察，在一些已分化长大的细胞内，液泡的染色较浅，体积增大，数目变少。在成熟区细胞中，一般只有一个淡红色的巨大液泡，占据细胞的绝大部分，将细胞核挤到细胞一侧贴近细胞壁处。由此可见植物根尖液泡系的发育过程。

2. 牛蛙胸骨剑突软骨细胞液泡系的中性红染色观察

软骨细胞能分泌软骨黏蛋白质和胶原纤维等，因而粗面内质网和高尔基体都发达，用中性红超活染色可明显地显示出液泡系。

（1）将牛蛙处死，置于解剖盘中。剪取胸骨剑突最薄的部分一小块，置于载玻片上的 1/3 000 中性红溶液滴中，染色 5 ～ 10 min。

（2）用吸管吸去中性红溶液，滴加 Ringer 溶液，加盖玻片进行观察。

（3）在高倍镜下，可见软骨细胞为椭圆形，细胞核及核仁清楚易见，在细胞核的上方胞质中，有许多被染成玫瑰红色大小不一的泡状体，这一特定区域叫"高尔基区"，即液泡系。

【预期结果】

在小麦根尖细胞的液泡和牛蛙胸骨剑突软骨细胞的高尔基区会染成玫瑰红色。

【注意事项】

（1）对植物进行观察时，一定要让所观察的材料尽量铺展开，以免细胞重叠影响观察效果。

（2）对活体进行观察时，不能将动植物活体材料过长时间地置于染料中，以免造成染料对活体组织及细胞的伤害，甚至导致细胞死亡。

【实验报告】

画出所观察到的液泡和高尔基体的图像，总结实验失败或成功的原因。

【思考题】

（1）用中性红溶液对细胞进行超活染色，为什么只能观测到液泡系，而不能同时观察到线粒体等细胞器？

（2）高等植物和高等动物细胞中的液泡系（高尔基体）在分布上有何不同？

（3）如果在显微镜下观察到整个细胞或组织均被染料着色，该如何解释此现象？

实验 11　线粒体超活染色技术

【实验目的】

观察线粒体的形态、数量与分布，学习线粒体的超活染色技术。

【实验原理】

线粒体是细胞中的重要细胞器，它在细胞呼吸和能量供给中起着关键的作用。它们被誉为"细胞的动力厂"，因为它们通过氧化磷酸化过程产生大量的 ATP，以供应细胞的能量需求。此外，线粒体还参与细胞凋亡、细胞信号传递、氧化还原平衡等多种生理过程。

线粒体的形态、数量、分布、功能状态等都会受到细胞环境和信号的影响，并且在许多疾病中，如神经退行性疾病、心血管疾病、糖尿病、肿瘤等，线粒体的形态和功能都发生了显著的变化。因此，观察和研究线粒体对理解细胞生理和病理过程，以及疾病的诊断和治疗具有重要意义。

然而，由于线粒体是透明的，直接用显微镜观察并不能清楚地看到线粒体。为此，我们需要利用某种方法将线粒体染色，使得线粒体在显微镜下可见。这就是线粒体超活染色技术的基本原理。

线粒体超活染色是一种荧光染色技术，它使用一种特殊的荧光染料，可以在某种特定的波长下使线粒体发出荧光。通过荧光显微镜，我们就可以看到线粒体的位置、数量、形态等信息。此外，某些荧光染料还可以反映线粒体的功能状态，如线粒体的膜电位、ROS 水平、钙离子水平等。

詹纳斯绿 B（Janus green B）是一种低毒性的碱性染料，可专一性地对线粒体进行超活染色，这是由于线粒体内的细胞色素氧化酶系的作用，使染料始终保持氧化状态（即有色状态），呈蓝绿色；而线粒体周围的细胞质中，这些染料被还原为无色的色基（即无色状态）。

【实验用品】

1. 仪器和用具

显微镜、恒温水浴锅、解剖用具、凹面载玻片、盖玻片、吸管、牙签、吸水纸等。

2. 材料

人口腔黏膜上皮细胞、蛙肝脏细胞、洋葱鳞茎内表皮细胞。

3. 试剂

（1）Ringer 溶液（生理盐水，任氏溶液）：其配制方法见"实验5"。

（2）1%、1/5 000 詹纳斯绿 B 溶液：称取 0.5 g 詹纳斯绿 B 溶于 50 mL Ringer 溶液中，稍微加热（30 ～ 40 ℃），使之溶解。用滤纸过滤后，即为 1% 詹纳斯绿 B 原液。取 1% 詹纳斯绿 B 原液 1 mL 加入 49 mL Ringer 溶液，即成 1/5 000 詹纳斯绿 B 溶液，装入瓶中备用。

注意：工作液最好现用现配，以保持它的充分氧化能力。

【实验方法】

1. 人口腔黏膜上皮细胞线粒体的超活染色观察

（1）首先取清洁的载玻片放在 37 ℃ 恒温水浴锅的金属板上，滴两滴 1/5 000 詹纳斯绿 B 溶液。

（2）实验者用牙签宽头在自己口腔黏膜处刮取上皮细胞，将刮下的黏液状物放入载玻片的 1/5 000 詹纳斯绿 B 溶液滴中，染色 10 ～ 15 min 后，盖上盖玻片，用吸水纸吸去四周溢出的溶液，置于显微镜下观察。

（3）在低倍镜下，选择平展的口腔上皮细胞，再转换为高倍镜或油镜下进行观察。调节显微镜微调，可见扁平状上皮细胞的核周围胞质中分布着一些不断运动着的被染成蓝绿色的颗粒状或短棒状的结构，即线粒体。

2. 蛙肝脏细胞线粒体的超活染色观察

（1）将处死青蛙（或牛蛙）置于解剖盘中，剪开腹腔，取其肝脏，沿肝脏边缘用刀片切取一小块较薄的肝组织，放入表面皿内。用吸管吸取 Ringer 溶液，反复浸泡冲洗肝脏，洗去血液。

（2）在干净的凹面载玻片的凹穴中，滴加 1/5 000 詹纳斯绿 B 溶液，再将肝组织块移入。20 ~ 30 min 后，组织块边缘被染成蓝绿色。

（3）吸去多余溶液，滴加 Ringer 溶液，用眼科剪将组织块着色部分剪碎，使细胞或细胞群散出；然后用吸管吸取分离出的细胞悬液，滴一滴于载玻片上，盖上盖玻片进行观察。

（4）在低倍镜下选择不重叠的肝细胞，在高倍镜或油镜下观察，可见具有 1 ~ 2 个核的肝细胞质中，有许多被染成蓝绿色、不断运动着的线粒体，注意其形态和分布状况。

3. 洋葱鳞茎内表皮细胞线粒体的超活染色观察

（1）用吸管吸取 1/5 000 詹纳斯绿 B 溶液，滴一滴于干净的载玻片上，然后撕取一小片洋葱鳞茎内表皮，置于染液中，染色 10 ~ 15 min。

（2）用吸管吸去多余溶液，加一滴 Ringer 溶液，注意使内表皮组织展平，加盖玻片进行观察。

（3）在高倍镜下，可见洋葱表皮细胞中央被一大液泡所占据，细胞核被挤至一侧贴近细胞壁处。仔细观察细胞质中线粒体的形态与分布。

【预期结果】

在高倍镜下，可以观察拿到细胞中的线粒体呈现蓝绿色，而细胞质接近无色。

【注意事项】

（1）对口腔黏膜上皮细胞进行染色时，不可使溶液干燥，必要时可补加溶液。

（2）对蛙肝脏细胞进行染色时，应让组织块的上面部分半露在溶液外，以保持线粒体酶系的活性，易被染色。

【实验报告】

画出所观察到的线粒体的图像，并总结实验失败或成功的原因。

【思考题】

（1）用一种活体染色剂对细胞进行超活染色，为什么不能同时观察到线粒体、液泡等多种细胞器？

（2）用詹纳斯绿 B 溶液对线粒体进行染色时，应注意哪些实验细节？为什么？

（3）在本实验观察的材料中，哪一种组织细胞中的线粒体的数目多？为什么？

实验 12　线粒体的分离与观察

【实验目的】

用差速离心法分离动、植物细胞线粒体。

【实验原理】

线粒体（mitachondrion）是真核细胞特有的，是能量转换的重要细胞器。细胞中的能源物质——脂肪、糖、部分氨基酸在此进行最终的氧化，并通过耦联磷酸化生成 ATP，供给细胞生理活动之需。对线粒体结构与功能的研究通常是在离体的线粒体上进行的。

悬浮介质通常用缓冲的蔗糖溶液，它比较接近细胞质的分散相，在一定程度上能保持细胞器的结构和酶的活性，在 pH 为 7.2 的条件下，亚细胞组分不容易重新聚集，有利于分离。整个操作过程应注意使样品保持 4 ℃，避免酶失活。

线粒体的鉴定用詹纳斯绿活染法。詹纳斯绿 B 是对线粒体专一的活细胞染料，毒性很小，属于碱性染料，解离后带正电，由电性吸引堆积在线粒体膜上。线粒体的细胞色素氧化酶使该染料保持在氧化状态，呈现蓝绿色，从而使线粒体显色，而胞质中染料被还原成无色。

【实验用品】

1. 器材

高速离心机、解剖刀剪、小烧杯、漏斗、尼龙织物、玻璃匀浆器。

2. 试剂

（1）生理盐水。

（2）质量分数为 1% 的詹纳斯绿 B 染液，用生理盐水配制。

（3）0.25 mol/L 蔗糖 +0.01 mol/L Tris− 盐酸缓冲液（pH 为 7.4）。配法：

　　0.1 mol/L 三羟甲基氨甲烷　　　10 mL

0.1 mol/L 盐酸　　　　　　　8.4 mL

加蒸馏水到　　　　　　　　100 mL

加蔗糖到 0.25 mol/L。蔗糖为密度梯度离心用 D（＋）蔗糖。

（4）0.34 mol/L 蔗糖 +0.01 mol/L Tris － 盐酸缓冲液（pH 为 7.4）。

（5）固定液：甲醇 － 醋酸（9∶1）。

（6）姬姆萨染液：Giemsa 粉 0.5 g，甘油 33 mL，纯甲醇 33 mL。先往 Giemsa 粉中加入少量甘油在研钵内研磨至无颗粒，再将剩余甘油倒入混匀，56 ℃ 左右保温 2 h 令其充分溶解，最后加甲醇混匀，成为姬姆萨原液，保存于棕色瓶。用时吸出少量用 1/15 mol/L 磷酸盐缓冲液做 10 ～ 20 倍稀释。

1/15 mol/L 磷酸盐缓冲液（pH 为 6.8）：

1/15 mol/L KH_2PO_4　　　　50 mL

1/15 mol/L Na_2HPO_4　　　　50 mL

3. 材料

大鼠肝脏。

【实验方法】

1. 制备大鼠肝细胞匀浆

制备大鼠肝细胞匀浆。实验前大鼠需空腹 12 h，击头处死，剖腹取肝，迅速用生理盐水洗净血水，用滤纸吸干；称取肝组织 2 g，剪碎，用预冷到 0 ～ 4 ℃ 的 0.25 mol/L 缓冲蔗糖溶液洗涤数次；然后在 0 ～ 4 ℃ 条件下，按每克肝加 9 mL 冷的 0.25 mol/L 缓冲蔗糖溶液将肝组织匀浆化，蔗糖溶液应分数次添加，匀浆用双层尼龙织物过滤备用。注意尽可能先充分剪碎肝组织，缩短匀浆时间，整个分离过程不宜过长，以保持组分生理活性。

2. 差速离心

先将 9 mL 0.34 mo/L 缓冲蔗糖溶液放入离心管，然后沿管壁小心地加入 9 mL 肝匀浆使其覆盖于上层，用冷冻控温高速离心机进行差速离心（图 3-1）。

3. 分离物鉴定

（1）细胞核。取细胞核沉淀一滴涂片，入甲醇 － 冰醋酸液固定 15 min，充分吹干，滴姬姆萨染液（原液 10 ～ 20 倍稀释）染色 10 min。自来水冲洗，吹干，镜检。显微镜观测结果：细胞核为紫红色，上面附着的少量胞质为浅蓝色碎片。

（2）线粒体。取线粒体沉淀涂片（注意肝细胞匀浆勿太浓密），不待干即滴加 1% 詹纳斯绿 B 染液染 20 min 覆上盖玻片，镜检。线粒体为蓝绿色，呈小棒状或哑铃状。

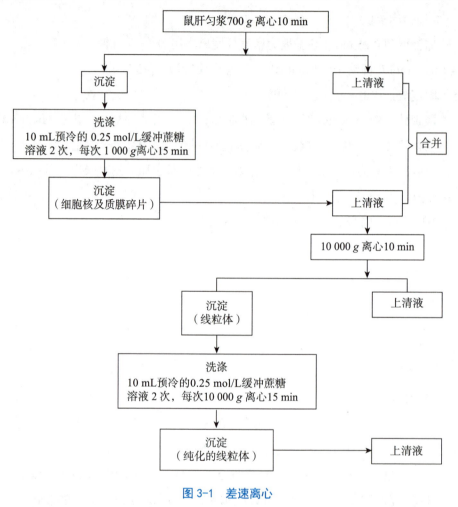

图 3-1　差速离心

【思考题】

（1）分离介质 0.25 mol/L 及 0.34 mol/L 缓冲蔗糖溶液哪一种在下层？有什么作用？

（2）分离出的线粒体立即用詹纳斯绿 B 染色和放置室温 2 h 后再染色，比较二者着色的差异。

🔬 实验 13　细胞器的分离

【实验目的】

本实验以大鼠肝为例，介绍用差速离心法分离细胞器的一般操作程序。

【实验原理】

组织经过匀浆化后，放在均匀的悬浮介质上，即可用差速离心其亚细胞组分。

球形颗粒在均匀的悬浮介质中的沉降速度取决于离心场 G，颗粒的密度、半径以及悬浮介质的密度。

$$G = \frac{4\pi^2 n^2 r}{3\,600}$$

式中，n 为转速，r/min；r 为颗粒到旋转轴的辐射距离，cm；π 值为 3.141 6。

离心场一般可用相对离心场 RCF，即重力常量 g（980 cm/s²）的倍数来表示，因此上式又写作

$$RCF = \frac{4\pi^2 n^2 r}{3\,600 \times 980} = 1.11 \times 10^{-5} n^2 r$$

对于一定的离心机转头，值是恒定的，改变转速便得到不同的 RCF。

在给定的离心场中，密度和大小不同的球形颗粒沉降速度不同，它们从介质顶部的弯月面沉降到离心管底部所需要的时间为

$$t = \frac{Q}{V} \cdot \frac{\eta}{\omega^2 r_p^2 (\rho_p - \rho)} \ln \frac{r_b}{r_t}$$

式中，t 为沉降时间，s；Q 为颗粒带电荷量，C；V 为颗粒沉降速度，m/s；η 为悬浮介质的黏度，Pa；r_p 为颗粒半径，m；ρ_p 为颗粒密度，kg/m³；ω 为离心角速度，rad/m³；ρ 为介质密度，kg/m³；r_1 为从旋转轴中心到液体弯月面的辐射距离，m；r_b 为从旋转轴中心到管底的距离，m。

在离心的同一时刻，密度和大小不同的球形颗粒将处于介质的不同高度位置。

这样，如果依次选用不同的离心场和不同的离心时间，即依次增加离心转速和离心时间，就能够使非均匀混合体中的颗粒（此处为各种细胞器等）按其大小、轻重分批沉降到离心管底部，分批收集。主要细胞成分的沉降顺序是：细胞核及细胞碎片和质膜、叶绿体、线粒体、溶酶体和其他"微体"、微粒体（内质网碎片）、核糖体和其他分子。

细胞器分离常用介质是缓冲的蔗糖水溶液。它比较接近细胞质的分散相，具有足够的渗透压防止颗粒膨胀破裂，对酶活性干扰较小，在 pH 为 7.4 的条件下细胞器不容易发生聚集。

实验操作注意使样品保持 0～4 ℃，以免酶失活。

分离物鉴定用组织化学染色或生化方法鉴定其标志酶，具体方法见实验方法。

【实验用品】

1. 器材

解剖刀剪、漏斗、玻璃匀浆器、尼龙织物、温度计、离心管、恒温箱、冰箱、载玻片、盖玻片、显微镜、冷冻高速离心机。

2. 试剂

（1）生理盐水。

（2）0.25 mol/L 蔗糖 −0.01 mol/L Tris − 盐酸缓冲液（pH 为 7.4）。配法：

0.1 mol/L Tris（三羟甲基氨基甲烷）	10 mL
0.1 mol/L 盐碱	8.4 mL
加双蒸水到 100 mL	

再向上述缓冲液中加蔗糖使浓度为 0.25 mol/L。蔗糖为密度梯度离心用 D（+）蔗糖。

（3）0.34 mol/L 蔗糖 −0.01 mol/L Tris 盐酸缓冲液（pH 为 7.4）。

（4）0.34 mol/I 蔗糖 −0.5 mmol/L Mg（AC）$_2$ 溶液，用 1 mol/L NaOH 调 pH 为 7.4。

（5）0.88 mol/L 蔗糖 −0.5 mmol/L Mg（AC）$_2$ 溶液，pH 为 7.4。

（6）RSB 溶液：0.01 mol/L Tris − 盐酸缓冲液（pH 为 7.2），0.01 mol/L NaCl，1.5 mmol/L MgCl。

（7）比重 d_0 = 1.18 的蔗糖溶液（51.5 g/L）。比重 d_{20} = 1.16 的蔗糖溶液（51.0 g/L）。

（8）1% 詹纳斯绿 B（Janus green B）染液，用生理盐水配制。

（9）甲基绿 − 派洛宁（methyl−green−pyronin）染液。配法：

甲液　　质量分数为 2% 的甲基绿水溶液　　14 mL

　　　　质量分数为 5% 的派洛宁水溶液　　14 mL

　　　　蒸馏水　　　　　　　　　　　　　16 mL

乙液　　0.2 mol/L 醋酸缓冲液（pH 为 4.8）　16 mL

将甲液与乙液混合均匀。此染液不宜久置。

（10）卡诺（Carnoy）固定液：

　　无水醇　　　6 mL

　　冰醋酸　　　1 mL

　　氯仿　　　　3 mL

（11）丙酮。

（12）酸性磷酸酶显示液。

　　4 ℃ 冷丙酮。

　　质量分数为 2% 的醋酸水溶液。

　　质量分数为 1% 的硫化铵水溶液。

　　酸性磷酸酶作用液：

　　0.2 mol/L 醋酸缓冲液（pH 为 5.0）　12 mL

　　质量分数为 5% 的硝酸铅　　　　　　2 mL

　　质量分数为 3.2% 的 β – 甘油磷酸纳　4 mL

　　蒸馏水　　　　　　　　　　　　　　74 mL

配制时须缓慢加药，依次溶解，否则将出现沉淀。

其中 0.2 mol/L 醋酸缓冲液配法（pH 为 5.0）：

　　0.2 mol/L　　　　　NaAC　　　　7 mL

　　0.2 mol/L　　　　　HAC　　　　3 mL

（13）葡萄糖 –6 – 磷酸酶显示试剂。

　　①作用液：

　　质量分数为 0.125% 的葡萄糖 – 6 – 磷酸钾盐水溶液　4 mL

　　质量分数为 0.2 mol/L 的 Tris– 马来酸（pH 为 6.6）　4 mL

　　质量分数为 2% 的硝酸铅　　　　　　　　　　　　　0.6 mL

　　蒸馏水　　　　　　　　　　　　　　　　　　　　　1.4 mL

其中 0.2 mol/L Tris – 马来酸（顺丁烯二酸，Maleic acid，pH 为 6.6）配法：

```
甲液：Tris              2.42 g
      顺丁烯二酸         2.32 g
      加蒸馏水到         100 mL
乙液：0.8%NaOH 水溶液
```

按下列比例混合：

```
甲液              25 mL
乙液              21.2 ml
蒸馏水            53.8 mL
```

②质量分数为 1% 硫化铵水溶液。

③质量分数为 10% 的中性甲醛固定液：市售 30% 甲醛，投入足量碳酸镁振荡，放置 24 h，以中和其中的甲酸，然后加水稀释 10 倍。

④ 50% 甘油水溶液。

3. 材料

大鼠肝脏。

【实验方法】

1. 制备大鼠肝细胞匀浆

实验前大鼠需空腹 12 h，击头处死，剖腹取肝，迅速用生理盐水洗净血水，用滤纸吸干；称取肝组织 2 g，剪碎，用 0.2 mol/L 蔗糖溶液洗涤数次；然后按每克肝加 9 mL 冷的 0.25 mmol/L 蔗糖溶液（分数次添加），在 0 ～ 4 ℃ 冰浴中用玻璃匀浆器制备肝匀浆，匀浆用双层尼龙织物过滤备用。

2. 差速离心

先将 9 mL 0.34 mmol/L 蔗糖溶液放入离心管，再沿管壁小心地加入 9 mL 大鼠肝匀浆覆盖在上层。按下面各图进行差速离心。

（1）分离细胞核（图 3-2）。

（2）收集质膜。

吸出细胞核沉淀中较疏松的上层，混悬于密度 $\rho_{20} = 1.16$ 的蔗糖溶液中，沿管壁小心地加入离心管，使其覆盖在等量的密度 $\rho_{20} = 1.18$ 的蔗糖溶液之上。700 r/min 离心 10 min，质膜最终集中在两层溶液的界面上。用尖头吸管小心地吸出质膜。

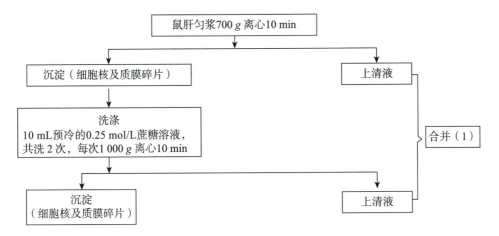

图 3-2 分离细胞核

（3）细胞核纯化。

将细胞核沉淀悬浮于 5 倍体积的 0.34 mmol/L 蔗糖 -0.5 mmol/L Mg（AC）$_2$ 溶液中，铺在 4 倍于核悬液体积的 0.88 mmol/L 蔗糖 - 0.5 mmol/L Mg（AC）$_2$ 溶液之上，1 500 r/min 离心 20 min，弃上清液，沉淀为纯化的细胞核。在 RSB 溶液中置 4 ℃ 可保存数天。在 0.11 mmol/L EDTA - 0.5 mmol/L 二硫苏糖醇（DTT）- 0.5 mmol/L MgCl$_2$ - 25% 甘油 - 50 mmol/L Tris-HCI 缓冲液（pH 为 7.4）中，-20 ℃ 可保存数月。

（4）分离线粒体（图 3-3）。

纯化的线粒体可悬浮于 0.25 mol/L 蔗糖溶液中，置 -70 ℃ 保存。

（5）分离溶酶体（图 3-4）。

（6）分离微粒体（内质网碎片）。

（7）上清液经 150 000 r/min 超速离心 3 h 可获得核糖体、病毒、生物分子等。

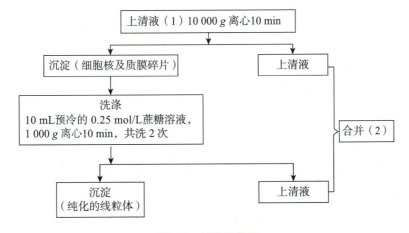

图 3-3 分离线粒体

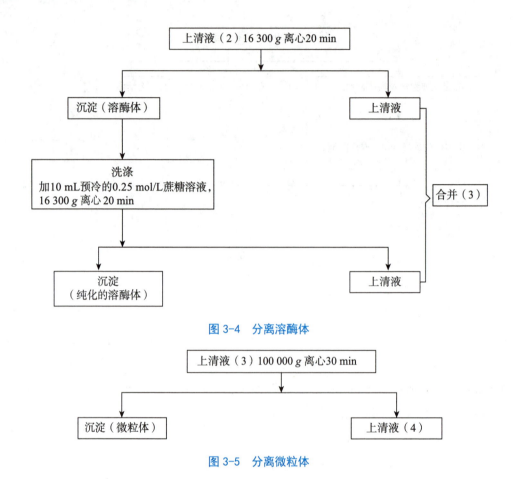

图 3-4　分离溶酶体

图 3-5　分离微粒体

3. 分离物鉴定

（1）细胞核。取细胞核沉淀做稀薄的涂片，入卡诺固定液 30 min，取出晾干，入甲基绿 - 派洛宁染色液中染色 10 ～ 30 min，入纯丙酮分色 30 s，蒸馏水漂洗，用过滤纸吸干水分，40 倍显微镜检查。结果：细胞核呈蓝绿色，核仁和混杂的细胞质 RNA 呈红色。纯化的细胞核上应无大量胞质粘连，背景中完整细胞低于 10%，无细胞碎片。

（2）线粒体。取线粒体沉淀作稀薄涂片，不待干即滴 1% 詹纳斯绿 B 染液 10 ～ 20 min，扣上盖玻片，显微镜检查，线粒体呈蓝绿色。

（3）溶酶体。用酸性磷酸酶作用显示法鉴定。溶酶体冷沉淀在 4 ℃ 预冷的载玻片上涂片，立即放入 4 ℃ 冷丙酮中固定 15 ～ 30 min。用蒸馏水洗净固定液，用过滤纸吸干。

加入酸性磷酸酶作用，37 ℃ 处理 30 min 至 2 h。用 2% 醋酸水溶液稍洗一下载玻片，蒸馏水洗。

加入 1% 硫化铵溶液 1 ～ 2 min。充分水洗。亦可用 0.1% 中性红复染，看是否混合杂质。

加入细胞核及细胞质碎片，染 5 ～ 10 min。甘油 – 明胶封片（明胶 10 g，甘油 12 mL，蒸馏水 100 mL）镜检。

设置对照片：涂片放湿盒，在 50 ℃ 水浴中作用 30 min 使酶失活，其余操作步骤同前。

结果：涂片上布满棕黑色的颗粒，对照片阴性反应。

（4）微粒体。取少量微粒体沉淀涂片，不固定，立即加入作用液在 37 ℃ 孵育 5 ～ 15 min；蒸馏水轻轻洗；加入 1% 硫化铵溶液处理 1 min；蒸馏水洗；加入 10% 中性甲醛固定 30 min，自来水冲洗；用 50% 甘油水溶液封片，镜检。

结果：微粒体呈黑色小颗粒。

【思考题】

差速离心方法与密度梯度离心方法有什么不同？离心结束时亚细胞组分在介质中各呈现什么样的分布？收集组分的方法有什么区别？

实验 14　膜蛋白质的分离

【实验目的】

（1）掌握血影膜的制备及膜蛋白质的电泳分离技术。
（2）了解以上实验技术的原理和意义。

【实验原理】

膜蛋白质是细胞膜上的重要组分，它们在细胞信号传递、物质转运、能量转化等许多生物学过程中发挥着关键的作用。膜蛋白质的研究，包括它们的结构和功能的研究，对理解生物学现象、疾病的发生机理以及药物的开发具有重要的意义。

由于膜蛋白质嵌入或与脂质双层紧密相连，使得膜蛋白质的分离变得复杂和困难。因此传统的膜蛋白质分离主要采用去脂剂溶解细胞膜，使膜蛋白质脱离脂质环境，然后通过各种生物化学和分子生物学技术（如离心、电泳、色谱等）来分离和纯化膜蛋白质。

在生物膜（biological membrane）双脂层的结构中，镶嵌着不同类型的蛋白质分子，统称为膜蛋白质，它执行着不同的功能，并构成细胞骨架（cytoskeleton），其相对分子质量分布为 1 万至 24 万。

生物膜的主要化学成分是脂类和蛋白质，此外还有糖类，它以糖蛋白和糖脂的形式存在。生物膜不仅是细胞间的分隔物质和构成细胞的骨架，而且关系到机体和细胞内的许多重要功能，如物质运输、信息交换、能量的传递、吸收作用和分泌作用以及兴奋的传导等，都与生物膜的结构有关；膜结构的完整性与正常功能的进行是密切相关的，而其中膜结构上各类蛋白质又具有更重要的功能。膜结构发生异常会导致功能的障碍和疾病的发生。因此，对生物膜的研究愈来愈受到各类学科的重视。

对膜蛋白质分离和组分的研究，现阶段以红细胞膜为最多，Dodge 等首先以低渗和高速离心去除血红蛋白和细胞内含物，获得较纯净的血细胞膜，又称为血影（ghost），后来 Fairbanks 又利用聚丙烯酰胺凝胶（polyacrylamide gel）电泳方法对其蛋白质组分进行分离。

经研究发现，细胞膜上有两类蛋白质：一类蛋白质结合得不够紧密，经改变离子浓度或加入螯合剂（chelating agent），即可与膜分离，且浴于水，现在把这类蛋白质统称为边同重拍（peripheral proteins）或表面蛋白（extrinsic proteins）；另一类蛋白质与膜上的脂类结合得较紧密，贯穿于膜的两侧，需经去垢剂、胆酸或有机溶剂处理后，才能从膜上分离出来，如果分离方法不当，容易使分子结构发生改变，其生物活性和功能也受到破坏。它极难溶于水溶液，这类蛋白质被称为内在蛋白（intrinsic proteins）。

膜中的蛋白质与脂类分子相结合，维持了细胞的完整性。当前对膜蛋白质的研究还很不完全，但一致认为膜上所有蛋白质都是在一定的脂类环境中执行着一定的功能，有的是酶分子，有的是输送物质进出细胞的载体或泵，有的属于受体，有人已成功地把从细胞膜分离出来的蛋白质分子又重新组装到人工膜中，并仍能保持其蛋白质的活性。

已经发现很多蛋白质与糖结合形成糖蛋白，有人认为糖蛋白与稳定膜蛋白质的分子活性有关，也有人认为糖蛋白可使细胞膜的流动性增加，利用 PAS 染色反应可显示出糖蛋白存在。

【实验用品】

1. 器材

超速离心机、圆柱式（或平板式）电泳架、电泳仪、移液器、离心管、注射器、长针头注射器（50 mL）、水浴锅、微量注射器（100 μL）、parailm 纸封、各类吸管、量筒、烧杯等。

2. 试剂

（1）PBS（phosphafe buffer saline）：

　　5 mmol/L　Na$_2$HPO$_4$　MW ＝ 142）

　　5 mmol/L　NaH$_2$PO$_4$，（MW ＝ 140）

　　145 mmol/L　NaCl（MW ＝ 58.5）

（2）5p7.6 磷酸盐缓冲液（pH7.6）：

　　Na$_2$HPO$_4$　　　　5 mmol/L

　　NaH$_2$PO$_4$　　　　5 mmol/L

（3）Con gel（浓缩胶）

　　Actylamide　　　40 g

　　Bis　　　　　　1.5 g

　　加水至　　　　　100 mL

（4）×10 Buffer（×10 缓冲液）：

　　1.0 mmol/L　　Tris　400 mL

　　2.0 mol/L　　　NaAC　100 mL

　　0.2 mol/L　　　EDTA　100 mL

　　用 HAC 调至　　　pH7.6

　　加水到　　　　　1 000 mL

（5）5.6%gel（50 mL）：

　　Con gel　　　　7 mL

　　×10 Buffer　　5 mL

　　20%SDS（Ss）　2.5 mL

　　蒸馏水　　　　28 mL

　　1.5%APS（0.075 g）　5 mL

　　0.5%　TEMED　2.5 mL

（6）Electrophoresis buffer（电泳缓冲液）：

　　×10 buffer　　50 mL

　　20% SDS（或 SLS）　25 mL

　　加水到　　　　500 mL

（7）溶解液：

2%　　SDS（或 SLS）

15%　　Sucrose

20 mmol/L　　Tris-HCl（pH8）

2 mmol/L　　EDTA

（8）Sample（样品）的制备：

0.1 mL　　Sample

0.1 mL　　溶解液

DTT（final 40 mmol/L，约 12.3 mg/mL）

（9）染色液：

0.04%　　Comassie brilliant blue R-250

10%　　HAC

25%　　Isopropl alcohol

（10）脱色液：

7.5%　　HAC

5%　　MeOH

3. 材料

人血红细胞。

【实验方法】

1. 血影制备方法

实验步骤参见图 3-6。

（1）取全血 5 mL 置入离心管中。

（2）加入 1～2 倍的磷酸盐缓冲液（PBS），再以 1 000 r/min 离心 5 min，温度为 4 ℃。

（3）离心后弃去上清液和中间的一层淡黄色帽状物（buffy coat），在上清液中主要包括血清和 PBS 成分，帽状物中包括白细胞和血小板；只留下最下层压积的红细胞（packed RBC）。

（4）再重复以上步骤 1～2 次，洗涤被压积的红细胞。

（5）洗涤后，去上清液，只留下被浓缩的 RBC 部分。

（6）加入 15～20 倍的磷酸盐缓冲液，并将其与 RBC 混合均匀，在常温下（20 ℃）静置 20 ～ 25 min 进行低渗处理，然后置入高速离心机内（4 ℃），以 10 000 ～ 15 000 r/min 离心 15 ～ 20 min。

（7）离心后弃上清液和最下层的一块粉红色纽扣状沉淀，这时上清液中主要包含 PBS 和血红蛋白，最下层的纽扣状沉淀中含有大量的蛋白酶，要清除干净，否则会影响以后的电泳结果；只留下中间的一层血影膜。

（8）将团块状的沉淀，重复（6）洗涤 1 ～ 2 次，直至血影膜呈乳白色，去上清液后，即为所制备的样品。

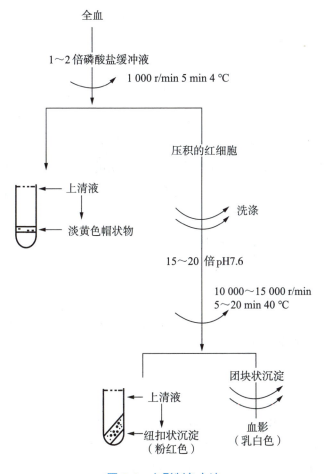

图 3-6　血影制备方法

2. 样品的电泳分离

（1）制板。采用圆盘或平板电泳，将 5.6% 胶（5.6% gel）用注射器注入电泳管或平板腔内，使胶液高度为 110 mm 左右，如发现胶液内留有气泡，应及时用长针头注射器清

除，灌胶后 15 ～ 20 min，用注射器在胶液表面轻轻注入蒸馏水或电泳缓冲液，以防凝胶表面干结和氧化，在室温下放置 4 ～ 5 h 成胶，以进行固化处理。

（2）溶解样品。

①按 1 份血影膜加入 1 份溶解液混匀。

②按总体积加入 DTT，使最终浓度为 40 mmol/L，大约每毫升含 DTT 12.3 mg。

③在 90 ～ 100 ℃ 水浴中溶解 3 min，用自来水冷却至室温。

④加 2 ～ 3 滴考马斯亮蓝 R-250 混匀待用。

（3）电泳。固化处理完成后，除去凝胶表面的水或电泳缓冲液，并除去底端的纸封或其他隔离物，然后分别从电泳管顶端或平板胶样品孔内加入 50 μL （或 100 μL）溶解的样品，并在其上面加入电泳缓冲液。

按常规凝胶电泳方法加入电泳缓冲液并接通电源，如系圆盘电泳，开始 5 min 内每管 1 mA，5 min 后每管 3 ～ 5 mA，如系平板电泳，开始 5 min 内每样 1.5 mA，之后每样 4 ～ 6 mA。电泳时间视指示剂（TD）移动情况而定，最快需 2 ～ 3 h，有时需 5 ～ 6 h。

在电泳开始之前，应注意及时清除胶上下端存留的气泡。在电泳过程中，所用时间可根据指示剂考马斯亮蓝 R-250 所走的部位而定，当指示剂走至下端 1.0 ～ 1.5 cm 处，即可停止电泳。

（4）剥胶。如用圆柱电泳，可用长针头大号注射器吸满水，在靠电泳管的内壁插至上 1/3 处，向里面注水并不断旋转电泳管，使其注射针头始终沿着电泳管的内壁与凝胶之间转动，切勿将针头直接插入凝胶内，以防胶柱断裂。

（5）染色。用 0.04% 考马斯亮蓝 R-250 的复合染液染色 3 ～ 4 h 或过夜。

（6）脱色。其时间视脱色情况而定，待分带清晰，无带分布处基本透明时，即可停止。

3. 对血影蛋白分析成分的分析

按 SDS 聚丙烯凝胶电泳的位置命名，以移动距离的顺序，各条染色带命名为 band1 ～ band7（图 3-7）；在血影蛋白电泳扫描图中（图 3-8），分离的膜蛋白质各带峰的分布，其中 H 为剩余的血红蛋白，TD（tracking dye）是低分子示踪染料。PAS（periodic acid schif）染色带扫描图，这种 schiff 过碘酸试剂对糖类染色具有专一性，因此可显示出糖蛋白的存在，这些糖蛋白统称为血型糖蛋白（glycophorin），其中 PAS1、PAS2 是主要染色带，二者又称 glycophorinA，PAS3、PAS4 也是糖蛋白，但含量极少。

目前研究较多的是 band3、glycophorin 和 spefrin，前两种是内在蛋白质，贯穿双层脂膜。

　　关于 spectrin、acfin、ankyrin 及 band3、band6 等膜蛋白质在上述电泳分离的基础上又有专门的分离方法。

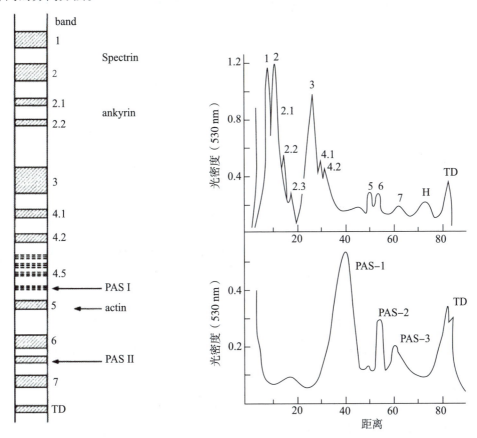

图 3-7　血影蛋白 SDS 聚丙烯酰胺凝胶电泳显带　　　　图 3-8　血影蛋白电泳扫描图

【思考题】

（1）说明膜蛋白质分离的原理。

（2）通过实验操作，说明膜蛋白质分离方法的几个关键技术。

实验 15　差速离心法分离细胞核和叶绿体

【实验目的】

了解差速离心分离细胞器的原理，学会使用差速离心技术分离植物细胞的细胞核和叶绿体。

【实验原理】

细胞各组分的质量大小、形状和密度不同，在同一离心场内的沉降速度也不相同。因此，可以选择不同的离心力和离心时间，使沉降速度不同的组分在不同的分离速度和离心时间下分级分离出来，这就是利用差速离心技术分离细胞不同组分的原理。

将细胞在等渗介质中破碎制成匀浆，并在均匀的悬浮介质中用差速离心法进行分离。先进行低速离心，使较大的颗粒沉淀，依次增加离心力和离心时间，即可将浮在上清液中的颗粒按其大小、密度沉淀下来，从而使各种细胞组分，如细胞核、叶绿体、线粒体等得以分离。这也是分离细胞器或大分子组分最常用的方法。差速离心分离不同细胞器常用的离心力和时间见表 3-1。离心时，细胞器中最先沉淀的是细胞核，然后是叶绿体、线粒体，最后是其他更轻的颗粒和分子。分离过程包括组织细胞匀浆、分级分离和分析三个步骤。差速离心法是研究亚细胞成分的化学组成、理化特性及其功能的主要手段。

表 3-1　差速离心法获得的沉淀（植物）

沉淀内容物	离心力 × 时间
完整细胞、大的细胞碎片	$150\ g \times 20\ \text{min}$
细胞核、细胞碎片、细胞膜	$1\ 000\ g \times 20\ \text{min}$
叶绿体、细胞膜碎片	$3\ 000\ g \times 5\ \text{min}$
线粒体、溶酶体、微体	$17\ 000\ g \times 20\ \text{min}$
微粒体	$105\ 000\ g \times 120\ \text{min}$
核糖体	$105\ 000\ g \times 20\ \text{min}$

【实验用品】

1. 仪器和用具

高速冷冻离心机、匀浆机或研钵、天平、漏斗、离心管、剪刀、刀片、纱布、普通光学显微镜、荧光显微镜、载玻片、盖玻片、吸水纸、擦镜纸、香柏油等。

2. 材料

菠菜叶片。

3. 试剂

（1）匀浆缓冲液：0.33 mol/L 山梨醇、50 mmol/L Tris-HCl（pH 8.0）、1 mmol/L DDT、质量分数为 0.05% 的牛血清白蛋白。称取 60 g 山梨醇、6.06 g Tris（或 7.85 g Tris-HCl）、0.15 g DDT、0.50 g 牛血清白蛋白，用去离子水溶解后用 1 mol/L HCl 调 pH 至 8.0，定容至 1 000 mL。

（2）悬浮缓冲液：0.33 mol/L 山梨醇、50 mmol/L Tris-HCl（pH 8.0）。称取 60 g 山梨醇、6.06 g Tris（或 7.85 gTris-HCl），用去离子水溶解后用 1 mol/L HCl 调 pH 至 8.0，定容至 1 000 mL。

（3）质量分数为 1% 的甲苯胺蓝（toluidine blue）染液：称取甲苯胺蓝 1 g 溶解于去离子水中，定容至 100 mL。

【实验方法】

菠菜细胞中所含的质体或叶绿体较大，并可在不积累叶绿体和酚类物质的条件下生长，因此是分离细胞核和完整叶绿体的极好材料。

实验主要流程见图 3-9。

1. 细胞核的分离（以下操作应在冰浴或 0 ~ 5 ℃ 的条件下进行）

（1）取材：将健壮、新鲜的菠菜叶片洗净，滤纸吸干水后，去除叶梗和粗脉，称取 5 g 并剪成碎片。

（2）匀浆：置入匀浆机或研钵中，用 40 ~ 50 mL 等渗的匀浆缓冲液进行匀浆。

（3）过滤：经 8 层纱布过滤到 50 mL 离心管中，除去组织残渣和一些未破碎的细胞。

（4）离心分离：滤液经 150 g 离心 20 min，弃沉淀（即细胞和大的细胞碎片），溶液部分再经 1 000 g 离心 20 min，得沉淀和上部溶液两部分，分别为细胞核、细胞膜的沉淀，以及叶绿体和其他小颗粒所在的悬浮液（上清液），将上部溶液移入高速离心管中以待分

离叶绿体。

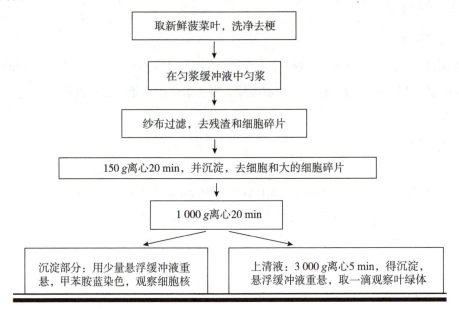

图 3-9 实验主要流程

（5）细胞核观察：沉淀部分用少量悬浮缓冲液悬浮，制得细胞核悬浮液，取一滴于载玻片上，自然干燥后用 1% 甲苯胺蓝染色，加盖玻片，光镜下观察。

2. 叶绿体的分类与观察

将高速离心管中的上清液经 3 000 g 离心 5 min，沉淀即为叶绿体。用 1 ～ 2 mL 悬浮缓冲液悬浮，取一滴叶绿体悬浮液滴于载玻片上，加盖玻片在光镜下观察叶绿体的完整性和纯度。再在荧光显微镜下选用蓝色激发滤光片观察。

3. 菠菜叶片徒手切片观察

（1）用刀片将新鲜的嫩菠菜叶片削一个斜面置于载玻片上，滴加 1 ～ 2 滴悬浮缓冲液，加盖玻片后轻压，置于显微镜下仔细观察。

（2）观察三种叶片细胞（表皮细胞、保卫细胞、叶肉细胞）及叶绿体在不同种细胞中的存在状况。

【预期结果】

（1）获得的细胞核被甲苯胺蓝染色，呈蓝色。

（2）差速离心获得并纯化的叶绿体镜检为绿色橄榄形，在高倍镜下可看到叶绿体内部含有较深的绿色小颗粒，即基粒部分。

（3）荧光显微镜下，选用蓝色激发滤光片，叶绿体发出红色荧光。

（4）菠菜叶片徒手切片可以观察到三种细胞，分别是边缘呈锯齿形的鳞片状表皮细胞、构成气孔成对的肾形保卫细胞、排列成栅栏状的长形和椭圆形叶肉细胞。其中的叶绿体呈绿色橄榄形。

【注意事项】

（1）植物有细胞壁包裹。破碎细胞的力量需足以打破细胞壁，同时又能保持叶绿体的完整性。

（2）细胞匀浆和细胞器的整个分离过程均需在等渗溶液中进行，以免渗透压的改变使叶绿体等细胞器受到损伤。

（3）叶绿体中由于淀粉积累成致密颗粒会在离心过程中使叶绿体破碎。淀粉的积累可以通过植物在短光照时间和（或）低光照强度的条件下生长而得以消除。若有必要可以在匀浆前将植物放在黑暗中 24 ～ 48 h，以尽量减少淀粉。

（4）匀浆过程中，液泡中储藏的代谢产物会释放出来。在有酚类化合物积累的物种中，可以通过在研磨缓冲液中加入可溶解的聚乙烯吡咯烷酮、牛血清白蛋白和巯基化合物来降低代谢产物的影响。

（5）甲苯胺蓝是碱性染料，甲苯胺蓝中的阳离子有染色作用，组织细胞的酸性物质与其中的阳离子相结合而被染色。可染细胞核使之呈蓝色。

【实验报告】

（1）绘制叶绿体形状图。

（2）分析实验成败的原因。

【思考题】

叙述差速离心的原理及用差速离心法分离细胞器时应注意的问题。

第 4 章 细胞组分的组织化学分析

🔬 实验 16 DNA 的细胞化学显示法——Feulgen 反应

【实验目的】

Feulgen 反应是专一性染 DNA 的反应，是经典的细胞化学方法。通过本实验，熟悉并掌握 Feulgen 反应的原理、技术及其实验操作方法。

【实验原理】

DNA 是细胞的遗传物质。在真核生物中，DNA 主要存在于细胞核中，在线粒体和叶绿体中也有少量分布。DNA 分子是由单核苷酸聚合而成的，它由脱氧核糖、碱基（嘌呤碱和嘧啶碱）、磷酸组成。利用 Feulgen 反应可以观察细胞内 DNA 的分布情况。

Feulgen 反应是显示 DNA 的最典型的细胞化学反应，是 Feulgen 和 Rossenbeck 于 1924 年发明的。以 Schiff 试剂对 DNA 进行染色的方法，简称为 Feulgen 法，该法对 DNA 的显示反应具有高度专一性。

碱性品红和 SO_2 发生反应从而得到无色品红亚硫酸溶液，即 Schiff 试剂。Feulgen 反应原理：用稀盐酸（1 mol/L HCl）水对实验材料进行水解，解离掉 DNA 分子中的嘌呤碱基，这样一来，脱氧核糖的一端会形成游离的醛基，醛基与 Schiff 试剂发生反应后产生化合物分子，该化合物分子含有醌基。醌基是呈紫红色的发色团。所以，如果细胞中哪个部位含有 DNA，该部位就会呈现出紫红色。如若不对试验材料进行水解，或者不提前用热三氯乙酸或 DNA 酶对试验材料进行处理，将细胞中的 DNA 抽提出来或者是破坏掉，就不会产生该反应，可将其当成阴性对照组，以证明 Feulgen 反应的专一性。

（1）Schiff 试剂配制的原理：

$$2HCl + Na_2S_2O_5 \longrightarrow 2NaCl + SO_2 + H_2SO_3$$

（2）稀盐酸水解 DNA 产生醛基的反应：

（3）游离醛基与 Schiff 试剂的反应：

【实验用品】

1.仪器和用具

显微镜、恒温水浴锅、刀片、镊子、试管、培养皿、载玻片、盖玻片、吸水纸、擦镜纸、香柏油等。

2.材料

洋葱鳞茎。

3.试剂

（1）1 mo/L HCl：取 82.5 mL 38% 的浓盐酸缓缓加入 500 mL 去离子水中，用去离子水定容至 1 000 mL。

（2）Schiff 试剂：准备 100 mL 沸腾的去离子水，在水中添加 0.50 g 碱性品红，搅匀以后加热 5 min，使二者充分溶解到一起，然后放置使其冷却，等到溶液冷却到 50 ℃，使用滤纸对溶液进行过滤，过滤后装入试剂瓶中，在滤液中加入 10 mL 1 mol/L HCl 后放置冷却，待冷却至 25 ℃，再往滤液中加入 0.50 g 偏重亚硫酸钠（$Na_2S_2O_2$），也可以加入 1 g 亚硫酸氢钠（$NaHSO_3$）；添加完毕后晃动使其融合在一起，然后拧紧瓶盖将其放置在阴凉处，放置时间不能少于 24 h，待其颜色慢慢变成淡黄色；再往里面添加 0.25 g 活性炭，晃动 1 min，晃动完毕后用粗滤纸过滤，过滤后的滤液装入棕色试剂瓶中，这时的滤液应该呈无色，将瓶口密封住，用黑色纸包好瓶子，将瓶子储存在 4 ℃ 的冰箱中备用。该溶液可以储存几个月甚至更久时间。如若发现溶液中有白色沉淀产生，则不能再使用；如若溶液变红，就可以往溶液中加入 $Na_2S_2O_3$（或焦亚硫酸钠 $Na_2S_2O_3$），等溶液无色后再使用。

（3）亚硫酸水溶液：准备 200 mL 普通自来水、10 mL 10% 偏重亚硫酸钠（或钾）水溶液和 10 mL 1 mol/L HCl，使用前将三者混匀即可。注意现配现用。

（4）5% 三氯乙酸：取 5 mL 三氯乙酸加去离子水至 100 mL。

【实验方法】

实验流程如图 4-1 所示。

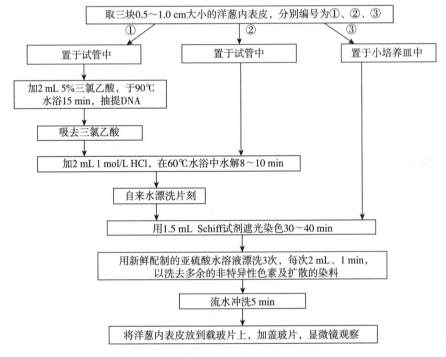

图 4-1　实验流程

【预期结果】

细胞中的 DNA 呈现紫红色的阳性反应，核仁通常呈阴性反应。在有些材料的细胞质中也会出现 DNA 阳性反应。

实验 17　RNA 的细胞化学显示法——Brachet 反应

【实验目的】

了解并掌握 Brachet 反应的原理和操作方法。

【实验原理】

真核生物的 DNA 多位于细胞核中，在细胞核中合成 RNA 后会向细胞质中转移，与核糖体结合，然后指导蛋白质的翻译过程。在细胞核中的 DNA 处于双螺旋状态，聚合程度高，而存在于细胞核与细胞质中的 RNA 则是以单链形式存在的，聚合程度低，局部可形成二级或三级结构。Brachet 反应就是利用 DNA 和 RNA 在结构及特性上的区别，通过使用不同的染料，来了解 DNA 和 RNA 在细胞中的分布情况。

Unna 试剂就是甲基绿 – 派洛宁染色液。甲基绿 – 派洛宁是碱性染料，带有正电荷，细胞中的 DNA、RNA 带有负电荷，因此，Unna 试剂和 DNA、RNA 结合以后就会呈现出不同的颜色。位于染色质中的双链 DNA 有着很高的聚合度，甲基绿容易与之结合，从而呈现出绿色或蓝色；位于核仁、细胞质中的单链 RNA 聚合度较低，派洛宁则会选择性地与之结合，从而呈现出红色。也就是说，RNA 会对派洛宁有很强的亲和力，RNA 遇派洛宁会呈现出红色；DNA 则对甲基绿有很强的亲和力，遇到甲基绿后会呈现蓝绿色。不过，DNA 解聚后遇到派洛宁也会被染成红色。可见，对于细胞中的 DNA、RNA 要进行定位分析、定量分析以及定性分析。

【实验用品】

1. 仪器和用具

普通光学显微镜、水浴锅、镊子、试管、载玻片、盖玻片、刀片、吸水纸、擦镜纸、

香柏油等。

2. 材料

洋葱鳞茎。

3. 试剂

（1）Unna 试剂：甲液：5% 派洛宁水溶液 6 mL、2% 甲基绿水溶液 6 mL、去离子水 16 mL。乙液：1 mol/L 乙酸缓冲液（pH=4.8）16 mL。甲、乙两液分别置于 4 ℃ 冰箱中备用，使用前再将甲、乙两液混匀待用。

（2）1 mol/L 乙酸缓冲液（pH=4.8）：A 液，冰醋酸 6 mL 加去离子水至 100 mL。B 液，乙酸钠 13.5 g 加去离子水至 100 mL。取 A 液 40 mL 与 B 液 60 mL 混匀后即可得到 pH=4.8 的乙酸缓冲液。

（3）5% 三氯乙酸：5 mL 三氯乙酸加去离子水至 100 mL。

（4）70% 乙醇。

【实验方法】

实验流程见图 4-2。

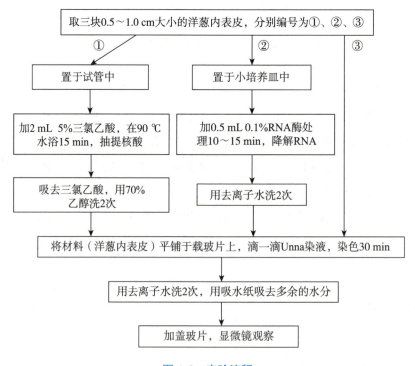

图 4-2　实验流程

【预期结果】

细胞质被染成浅红色，细胞核被染成蓝绿色，其中核仁被染成紫红色。

【注意事项】

（1）派洛宁可加热助溶。

（2）甲基绿常混有甲基紫，影响染色效果。可用氯仿抽提，通过分液漏斗分离去除甲基紫，纯化，干燥。

（3）派洛宁易溶于水，用去离子水漂洗时要控制好时间，以免脱色过度。

（4）材料中的 RNA 很容易被外源性的 RNA 酶降解，操作时要尽量避免实验组材料的 RNA 被降解。

【思考题】

实验中设计的两个对照组有什么意义？

实验 18　细胞中多糖的显示——PAS 反应

【实验目的】

了解并掌握细胞中多糖的检测原理和方法，利用 PAS 反应显示马铃薯块茎等的细胞中多糖的分布情况。

【实验原理】

高碘酸希夫试剂反应（periodic acid Schiff reaction），简称 PAS 反应，是 1946 年在 Feulgen 反应的基础上发展而来的，是显示多糖的最经典、最直接的细胞化学方法。该反应主要是利用高碘酸的强氧化作用，打开 C—C 键，将多糖分子中乙二醇基（CHOH—CHOH）氧化成两个游离醛基（—CHO），生成的醛基与 Schiff 试剂反应形成紫红色化合物。颜色的深浅与多糖含量呈正比。这一反应可以显示组织、细胞的多糖、黏多糖及黏蛋白等。

PAS 反应

【实验用品】

1. 仪器和用具

普通光学显微镜、刀片、镊子、载玻片、盖玻片、吸水纸、擦镜纸、香柏油等。

2. 材料

马铃薯、藕的块茎、红薯块根等。

3. 试剂

（1）高碘酸溶液：高碘酸（$HIO_4 \cdot 2H_2O$）0.40 g、去离子水 10 mL、95% 乙醇 35 mL、0.33 mol/L 乙酸钠溶液（2.72 g 乙酸钠溶于 100 mL 去离子水）5 mL。

（2）Schiff 试剂：配制方法详见"实验 16"。

（3）亚硫酸水溶液：配制方法详见"实验 16"。

（4）70% 乙醇。

【实验方法】

（1）把马铃薯、藕的块茎、红薯块根等用刀片切成薄片，放入 50 mL 小烧杯中。

（2）加 1 mL 高碘酸溶液，浸泡 5 ～ 15 min，使多糖分子中乙二醇基氧化，暴露出游离醛基。

（3）移去高碘酸溶液，加入 2 mL 70% 乙醇浸片刻以洗去高碘酸。

（4）吸去乙醇，加入 2 ～ 3 mL Schiff 试剂，染色 15 min。

（5）用亚硫酸溶液洗 3 次，每次 1 min，以便将 Schiff 试剂染色时所残留的碱性品红反应掉，消除多余的非特异性色素及扩散的染料。

（6）用去离子水洗片刻。

（7）将薄片置于载玻片上，加盖玻片，显微镜检查。

【预期结果】

细胞中呈紫红的圆形或椭圆形的球状颗粒即为淀粉粒。

【注意事项】

（1）掌握徒手切片技术，以获得薄而均匀的切片及好的观察效果。

（2）高碘酸处理的时间会影响染色程度，因此染色时间不宜过长。

【实验报告】

（1）观察并绘制 PAS 反应后细胞中多糖的分布图。

（2）试比较不同材料淀粉粒的形态和分布差异。

（3）简述 PAS 反应的原理。

【思考题】

设计一个利用 PAS 反应检测肝脏细胞中糖原分布的实验，简述其实验方案和流程。

实验 19　细胞中过氧化物酶的显示——联苯胺反应

【实验目的】

了解并掌握细胞中过氧化物酶反应的原理和方法。

【实验原理】

过氧化物酶是氧化还原酶，具有至关重要的作用，其主要存在于动植物和微生物的细胞内。尤其是在动物的中性粒细胞以及肝、肾细胞中，有着丰富的过氧化物酶；在植物老化的组织细胞中，也有着更加丰富的过氧化物酶。在细胞的过氧化物酶体中，存在大量的过氧化物酶，它们会参与细胞的氧化反应。

在处理标本的时候使用联苯胺和过氧化氢，过氧化物酶会氧化底物，将 H_2O_2 分解，分解后会产生氧。然后可以把无色的联苯胺氧化脱氢，生产蓝色的联苯胺蓝。联苯胺蓝本身就具有不稳定性，因此很容易将其变成联苯胺棕。所以，想要判断细胞中过氧化物酶的存在情况，可以通过颜色来判断。

联苯胺反应

【实验用品】

1. 仪器和用具

普通光学显微镜、刀片、镊子、培养皿、载玻片、盖玻片、吸水纸、擦镜纸、香柏油等。

2. 材料

洋葱鳞茎或洋葱根尖。

3. 试剂

（1）联苯胺溶液：在 0.85% 盐水内加入联苯胺至饱和为止，临用前加入 20% 的 H_2O_2，每 2 mL 加一滴。

（2）0.1% 钼酸铵溶液：称取 0.1 g 钼酸铵溶于 100 mL 0.85% 盐水。

【实验方法】

（1）把洋葱根尖徒手切成 20 ～ 40 μm 厚的薄片或用镊子撕取鳞茎内表皮一小块（约 0.5 cm²），平铺到载玻片上。

（2）滴一滴 0.1% 钼酸铵溶液（催化剂），作用 5 min。

（3）吸去钼酸铵溶液，滴一滴联苯胺溶液，待其出现蓝色（2 ～ 3 min）后再稍等 1 ～ 2 min。

（4）吸去联苯胺溶液，用 0.85% 盐水洗 1 min。

（5）将薄片置于载玻片上展开，加盖玻片，显微镜检查。

【预期结果】

如果细胞某处显现出蓝色或棕色颗粒，说明该位置是过氧化物酶所处的位置。

【注意事项】

（1）联苯胺及其盐都存在毒性，属于致癌物质，不管是固体还是蒸汽都可能会因接触皮肤进入人体内，导致接触性皮炎，对黏膜产生刺激，从而对肝和肾脏造成损伤。实验中作为染液，配制地点应选在通风橱中，染色的时候要少量使用，实验人员应佩戴手套，以免接触到皮肤对身体造成伤害，如果不小心接触到，要及时用肥皂水和清水清洗干净。

（2）联苯胺溶液易发生氧化反应，从而对染色效果造成影响，因此要在需要的时候现配，这样可以较少与空气的接触，从而防止影响其染色效果。

（3）样品在接触反应液时，一定要保证反应液彻底浸透溶液。

（4）染色时，如果样品显现出蓝色，要再等 2 min 左右的时间，以便更清楚地进行观察。

【实验报告】

（1）绘图表示过氧化物酶的分布。
（2）分析反应染色结果的影响因素。

【思考题】

设计一实验，观察和分析青蛙骨髓细胞中过氧化物酶的分布情况。

实验 20   巨噬细胞酸性磷酸酶的显示

【实验目的】

掌握细胞中酸性磷酸酶的显示原理与方法。观察酸性磷酸酶在巨噬细胞中的存在部位。

【实验原理】

酸性磷酸酶在生物体内广泛分布，尤其在巨噬细胞中，它参与多种生物化学过程。巨噬细胞是身体的主要免疫细胞之一，对抵抗病原体、清除细胞残骸、调节免疫反应等有重要作用。酸性磷酸酶的活性反映了巨噬细胞的功能状态。

该实验利用酸性磷酸酶催化某些底物生成有色产物的特性，通过色彩的强弱，直接或间接地反映出酸性磷酸酶的活性。通常，我们选用一种能被酸性磷酸酶催化，并在反应中生成可见色谱的化合物作为底物。在实验过程中，底物会在酸性磷酸酶的催化下，生成特定的色彩。因此，细胞中酸性磷酸酶的活性和分布可以通过显微镜观察到的色彩强度与分布来显示。

通过这种方式，我们可以更好地理解巨噬细胞在免疫反应和疾病过程中的作用，为免疫学研究和疾病诊断提供有用的工具。

细胞中存在着能分解磷酸酯的酶，如磷酸单酯酶。这类酶按作用的最适 pH 又可分为两类：一类是酸性磷酸酶（acid phosphatase，ACP），其催化反应的适宜 pH 为 5.0 左右；另一类是碱性磷酸酶（alkaline phosphatase，ALP），催化反应的适宜 pH 为 9.5 左右。

在机体的组织细胞中存在大量的酸性磷酸酶，另外，在内质网和胞质内也存在酸性磷酸酶。当核酸和蛋白质的代谢活动增加、组织退行性病变的时候，酸性磷酸酶会更具活性。酯类代谢也会有酸性磷酸酶的参与，所以，在免疫反应、疾病反应、细胞损伤以及细胞修复的过程中，酸性磷酸酶都有着非常重要的生物学意义，对于临床疾病，它也能够参与其辅助性诊断。

巨噬细胞中所含酸性磷酸酶的量是很大的。在一般情况下，巨噬细胞往往是处于休眠状态的，其酶活性非常低，但是经活化以后，它的酶活性就会得到提升。本实验是在小鼠的腹腔中注射淀粉肉汤，从而刺激其体内的巨噬细胞，使其活性增强，再将巨噬细胞取出固定，在合适的酸性条件下，细胞膜会更加不稳定，底物因此可渗入。假如将 ACP 和含有磷酸酯的作用底物一起保温，能水解磷酸酯使其释放出磷酸基，磷酸基会和反应液中的铅盐结合，然后会有磷酸铅沉淀物产生，磷酸铅再和硫化铵发生反应而产生黄棕色或棕黑色的硫化铅沉淀，细胞中 ACP 的分布就会因此而显现出来。

$$\beta - 甘油磷酸钠 \xrightarrow{\text{ACP}} 甘油 + PO_4{}^{3-}$$

$$PO_4{}^{3-} + Pb(NO_3)_2 \longrightarrow Pb_3(PO_4)_2 \downarrow （无色）$$

$$Pb_3(PO_4)_2 + (NH_4)_2S \longrightarrow PbS \downarrow （棕黑色）$$

【实验用品】

1. 仪器和用具

显微镜、恒温水浴锅、解剖用具、载玻片、盖玻片、吸水纸、擦镜纸、香柏油等。

2. 材料

小白鼠。

3. 试剂

（1）6% 淀粉肉汤。

称取牛肉膏 0.3 g、蛋白胨 1.0 g、氯化钠 0.5 g 加入 100 mL 去离子水中溶解，再加入可溶性淀粉 6.0 g，温浴溶解，煮沸 15 min 灭菌，然后置于 4 ℃ 冰箱中保存，使用时水浴融化。

（2）0.85% 生理盐水。

称取 8.5 g NaCl 溶于 1 000 mL 去离子水中。

（3）酸性磷酸酶反应液。

① 0.05 mol/L 醋酸缓冲液：取 1.2 mL 冰醋酸加入 98.8 mL 去离子水中均匀混合制成 0.2 mol/L 的醋酸液，即 A 液。称取 2.72 g 醋酸钠（NaAc·3H_2O）溶于 100 mL 去离子水中配成 0.2 mol/L 醋酸钠溶液，即 B 液。取 30 mL A 液和 70 mLB 液加入到 300 mL 去离子水中混匀即成 0.05 mol/L 醋酸缓冲液，置于 4 ℃ 中保存。

② 3%β- 甘油磷酸钠溶液：称取 3.0 gβ- 甘油磷酸钠溶于 100 mL 去离子水中，然后于 4 ℃ 保存。

③反应液（临用时配制）：称取 25 mg 硝酸铅，溶于 22.5 mL 0.05 mo/L 醋酸缓冲溶液中，待全部溶解后，再缓慢地滴加入 3% 甘油磷酸钠液 2.5 mL，同时快速搅动，防止产生絮状物。

（4）甲醛·钙固定液。

取 10 mL10% 氯化钙溶液和 10 mL 甲醛加入到 80 mL 去离子水混匀，即成甲醛·钙固定液。

（5）2% 硫化铵（临用时配制）。

将 2 mL 硫化铵加入到 98 mL 去离子水中。

【实验方法】

实验流程如图 4-3 所示。

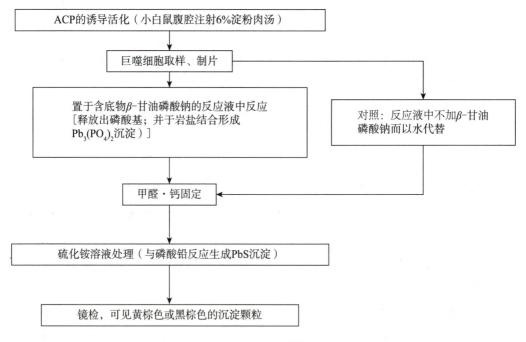

图 4-3　实验流程

（1）取小白鼠一只，每日腹腔注射 6% 淀粉肉汤 1 mL，连续 3 d。

（2）在小白鼠第 3 天注射后 3 ～ 4 h，再向其腹腔注射生理盐水 1 mL。

（3）3 ～ 5 min 后，用颈椎脱臼法处死小白鼠，打开腹腔，吸取腹腔液。

（4）在盖玻片上滴一滴腹腔液，然后用牙签将其涂开，涂开后再把它放进冰箱中的培养皿中，将冰箱的温度调至 4 ℃，放置时间为 0.5 h，在此期间，细胞会逐渐铺展开。用冷风将其吹干，或者是等待其自然干燥。

（5）往盖玻片上滴加酸性磷酸酶反应液两滴，37 ℃ 温育 30 min。实验对照组的作用液中不加 β- 甘油磷酸钠，而以去离子水代替。

（6）取出盖玻片用去离子水冲洗，立在吸水纸上吸去多余水分。

（7）放入盛有 10% 甲醛·钙固定液的培养皿中固定 5 min。

（8）取出盖玻片，在去离子水中漂洗，并吸去多余水分。

（9）放入盛有 2% 硫化铵溶液的培养皿中 3 ～ 5 min。

（10）去离子水漂洗盖玻片，并将带水的该盖玻片有细胞的一面朝下，慢慢盖在载玻片上，显微镜下观察。

【预期结果】

巨噬细胞的细胞质中有很多大大小小的棕色及棕黑色的颗粒及斑块，这些物质即为酸性磷酸酶，同时也是溶酶体所处的主要部位。有些细胞中所含的酸性磷酸酶是非常多的，因此在细胞质的区域会产生很多黑色沉淀。在实验对照组中，细胞和中性粒细胞中会有阴性反应出现。

【注意事项】

（1）剪刀头向上将小鼠的腹腔剖开，注意不要弄破腹腔的血管，保证腹腔液呈无色。

（2）小鼠腹腔药物注射的方法：右手拿注射器，用左手的无名指和小指固定小鼠的尾巴，其余手指捏紧小鼠颈部，让小鼠呈头向下的姿势。这样一来，小鼠腹腔器官会靠近其胸部位置，避免注射器伤到小鼠大肠、小肠等器官。注射动作要轻柔，以免其腹部器官受到损伤。进行腹腔注射时，最好从小鼠腹部的一侧进针，注射器针头在小鼠腹部穿行，从腹中线穿过后会进入到腹腔内，完成药物注射后，再将针头慢慢拔出，将针头慢慢旋转，以免出现漏液的情况。

（3）小白鼠颈椎脱臼处死法：掐住脖子的位置（头与身体之间能摸到一处缝隙），拉着尾巴向上扯（大概上翘45°），感觉到头断了即可。用颈椎脱臼法成功的话，小白鼠会出现抽搐现象。

（4）采用冷冻涂片和甲醛固定组织或细胞，可避免在固定、包埋及制片过程中酶的失活，以保证实验的稳定性。

（5）为了使实验更具可靠性，反应时间不宜过长，原因在于时间太长会使得细胞质内的其他蛋白质因假阳性而显色。

（6）酸性磷酸酶反应液要现配现用，要重视其铅离子的浓度，假如浓度过低，就难以将磷酸根离子全部捕获，从而导致其扩散，进而导致假阳性。

【实验报告】

（1）绘制巨噬细胞图，并标识出酸性磷酸酶存在的部位。

（2）说明阴性对照在实验中的作用。

【思考题】

简述酸性磷酸酶显示原理。

实验 21 小白鼠肝组织细胞碱性磷酸酶的显示

【实验目的】

掌握细胞中碱性磷酸酶的显示方法。观察碱性磷酸酶在细胞中的分布。

【实验原理】

在骨骼、肝脏、血管内皮等多个部位都存在碱性磷酸酶（alkaline phosphatase，ALP）。它可以对核酸分子进行催化，使其脱掉 5′ 磷酸基团，促使 DNA 或 RNA 片段由 5′-P 末端向 5′-OH 末端转换。碱性磷酸酶不属于单一酶，属于一组同工酶。当前已经有 6 种同工酶被发现。其中有 3 种酶都是在肝脏中发现的，分别是第 1 种酶、第 2 种酶以及第 6 种酶，另外，骨细胞中发现了第 3 种酶，在胎盘及癌细胞发现了第 4 种酶，在小肠绒毛上皮以及成纤维细胞中发现了第 5 种酶。血清中存在 ALP，该物质的来源主要是肝脏及骨骼。对于儿童来说，其还处在生长期，血清内的 ALP 大部分都源于成骨细胞以及生长中的软骨细胞，还有少部分是源于肝脏器官。碱性磷酸酶检验还能用于鉴定和诊断临床疾病。

利用金属阳离子沉淀法可对该酶进行定位分析。以含有磷酸基的 β – 甘油磷酸钠为底物，在碱性条件下（pH 9.2 ～ 9.8），经 ALP 的作用，水解释放出磷酸基，磷酸基与钙离子形成不稳定的无色磷酸钙沉淀，再经硝酸钴处理变为不稳定的磷酸钴沉淀，再与硫化铵作用，可形成稳定的黑色或棕黑色硫化钴沉淀。

$$\beta - 甘油磷酸钠 + CaCl_2 \xrightarrow{\text{ALP}} 甘油 + Ca_3(PO_4)_3 \downarrow （不稳定）$$

$$PO_4^{3-} + Co(NO_3)_2 \longrightarrow Co_3(PO_4) \downarrow （无色）$$

$$Co_3(PO_4)_2 + (NH_4)_2S \longrightarrow PbS \downarrow （棕黑色）$$

【实验用品】

1. 仪器和用具

冰冻切片机、解剖用具、显微镜、恒温水浴锅、染色缸、载玻片、盖玻片、吸水纸、擦镜纸、香柏油等。

2. 材料

小白鼠新鲜肝组织冰冻切片。

3. 试剂

（1）甲醛·钙固定液：配制方法详见"实验 13"。

（2）反应液：取 3% β - 甘油磷酸钠溶液（3.0 g β - 甘油磷酸钠溶于 100 mL 去离子水）10 mL，2% 巴比妥钠（2.0 g 巴比妥钠溶于 100 mL 去离子水）10 mL，2% 氯化钙（2.0 g 氯化钙溶于 100 mL 去离子水）2 mL，2% 氯化镁（2.0 g 氯化镁溶于 100 mL 去离子水）1 mL，去离子水 20 mL，混匀。

（3）1% 硫化铵（临用时配制）：将 1 mL 硫化铵加入 99 mL 去离子水中。

（4）2% 硝酸钴：将 2.0 g 硝酸钴溶入 100 mL 去离子水中。

【实验方法】

（1）取小白鼠新鲜肝组织，冰冻切片，冷风吹干，固定液固定后置于去离子水中。

（2）将切片置于反应液中孵育 30 ～ 60 min。实验对照组的作用液中不加 β - 甘油磷酸钠，而以去离子水代替。

（3）取出切片用去离子水漂洗 1 min。

（4）切片浸入 2% 硝酸钴溶液中 5 min，用去离子水漂洗 1 min。

（5）切片在 1% 硫化铵溶液的培养皿中处理 3～5 min。

（6）切片用去离子水漂洗数次，晾干，然后用甘油明胶封片，显微镜下观察。

【预期结果】

碱性磷酸酶活性部位显示黑色。

【注意事项】

与酸性磷酸酶活性检测相似，酶反应的时间不可太长，以防降低细胞质内其他蛋白质及核内出现的假阳性显色。

【实验报告】

（1）绘制碱性磷酸酶细胞内的定位图。

（2）说明阴性对照在实验中的作用。

【思考题】

（1）简述碱性磷酸酶显示原理。

（2）试述影响酶活性有哪些因素。

（3）酶组织化学检测时必须注意哪些问题？

第 5 章　细胞生命活动分析

🔬 实验 22　细胞有丝分裂的形态观察

【实验目的】

掌握有丝分裂标本临时压片技术，掌握细胞有丝分裂过程中各个时期的特点及其主要区别。

【实验原理】

有丝分裂是复杂生物细胞繁殖的关键过程，分为前期、中期、后期和末期，这些阶段可以通过染色体的形状和动态变化来区分。在这个实验中，我们选取了洋葱根尖作为观察对象，来研究植物细胞的有丝分裂现象。由于洋葱根尖细胞只含有 16 条染色体，这使得观察和分析工作变得更为便利和直观。

【实验用品】

1. 仪器和用具

显微镜、擦镜纸、镊子、刀片、载玻片、盖玻片、吸水纸等。

2. 材料

洋葱。

3. 试剂

（1）Carnoy 固定液：甲醇：冰醋酸＝ 3：1。

（2）70% 乙醇溶液。

（3）1 mol/L HCl：取 82.5 mL 密度为 1.19 g/mL 的浓盐酸加去离子水至 1 000 mL。

（4）苯酚品红染液：取苯酚（石碳酸）25 mL，加入 50 mL 95% 乙醇溶液中，再加 5 g 碱性品红使其充分溶解，过滤，4 ℃ 保存。使用时用去离子水稀释至 500 mL。

【实验方法】

（1）培养洋葱使其生根，剪取根尖。

（2）固定：将根尖放入 Camoy 固定液中固定 2 h。

（3）软化：将根尖放入 1 mol/L HCl 中软化 10 ～ 15 min，水洗 3 次。

（4）染色：将根尖放在滴有苯酚品红染液的载玻片上，用镊子轻轻捣碎根尖，加盖玻片。

（5）压片、镜检：轻压盖玻片，分散细胞，在显微镜下观察。

【预期结果】

在高倍镜下能够观察到处于有丝分裂前期、中期、后期、末期的细胞。染色体和染色质被染成紫红色。

【注意事项】

（1）根尖一般长到 1 ～ 2 cm 取材比较合适。

（2）根尖固定后如果暂时不用，可将材料保存在 70% 乙醇溶液中（可长期保存）。

【实验报告】

绘制有丝分裂不同时期洋葱根尖细胞图。

【思考题】

简述主要实验技术，分析实验的关键环节和影响因素。

实验 23　细胞减数分裂的形态观察

【实验目的】

掌握生殖细胞减数分裂的主要过程及各个时期的特点。掌握小鼠精囊减数分裂标本的制备过程。

【实验原理】

减数分裂（meiosis），即高等生物个体在形成生殖细胞过程中发生的一种特殊的分裂方式，这一分裂方式是生物遗传和变异的细胞学基础。在此过程中，DNA 复制一次，细胞连续分裂两次，结果使染色体数目减半。

（1）第一次减数分裂。

第一次减数分裂分为 4 个时期。

①前期 I（prophase Ⅰ）：在减数分裂中，前期 I 最有特征性，核仁、核膜明显存在，过程较长，变化复杂，依据染色体变化，又可分为下列各期：

细线期（leptotene stage）：染色体呈细长的丝，称为染色线。弯曲绕成一团，排列无规则，染色线上有大小不一的染色粒，形似念珠，核仁清楚。

偶线期（zygotene stage）：同源染色体开始配对，同时出现极化现象，各以一端聚集于细胞核的一侧，另一端则散开，形成花束状。

粗线期（pachytene stage）：每对同源染色体联合完成，缩短成较粗的线状，称为双价染色体，因其由四条染色单体组成，又叫四分体。

双线期（diplotene stage）：染色体缩得更短些，同源染色体开始有彼此分开的趋势，但因二者相互缠绕，有多点交叉，所以这时的染色体呈现麻花状。

终变期（diakinesis）：染色体更为粗短，形成 Y、V、O 等形状，终变期末核膜、核仁消失。

②中期 I（metaphase Ⅰ）：核膜和核仁消失，纺锤体形成，双价染色体排列于赤道面，着丝点与纺锤丝相连。这时的染色体组居细胞中央，侧面观呈板状，极面观呈空心花状。

③后期Ⅰ（anaphase Ⅰ）：由于纺锤丝的解聚变短，同源的两条染色体彼此分开，分别向两极移动。但每条染色体的着丝粒尚未分裂，故两条姐妹染色单体仍连在一起同去一极。

④末期Ⅰ（telophase Ⅰ）：子染色体移动到两极，呈聚合状态，并解旋，同时核膜形成，胞质也均分为二，即形成两个次级精母细胞，这时每个新核所含染色体的数目只是原来的一半。至此减数分裂Ⅰ结束。

（2）第二次减数分裂。

第二次减数分裂与第一次减数分裂类似，但从细胞形态上看，可见胞体明显变小，染色体数目少。

①前期Ⅱ（prophase Ⅱ）：末期Ⅰ的细胞进入前期Ⅱ状态，每条染色体的两个单体显示分开的趋势，染色体像花瓣状排列，使前期Ⅱ的细胞呈实心花状。

②中期Ⅱ（metaphase Ⅱ）：纺锤体再次出现，染色体排列于赤道面。

③后期Ⅱ（anaphaseⅠⅡ）：着丝粒纵裂，每条染色体的两条单体彼此分离，各成一子染色体，分别移向两极。

④末期Ⅱ（telophase Ⅱ）：移到两极的染色体分别组成新核，新细胞的核具单倍数（n）的染色体组，胞质再次分裂，这样，通过减数分裂每个初级精母细胞就形成了四个精细胞。

【实验用品】

1. 仪器和用具

离心机、解剖器材、注射器、离心管、吸管等。

2. 材料

性成熟的雄性小鼠。

3. 试剂

（1）0.9% NaCl 溶液。

（2）秋水仙素：配制成 100 μg/mL。

（3）0.4% KCl 溶液。

（4）Carmnoy 固定液。甲醇：冰醋酸＝3∶1。

（5）2% 柠檬酸钠溶液。

（6）Giemsa 母液：准备甘油（AR）33 mL，往里面加入 1.0 g 的姬萨粉（Giemsa

stain），先加少许的甘油后进行研磨，研磨到没有颗粒为止，然后再将甘油全部倒入，置于 60 ℃温箱中 2 h 后，加入 45 mL 甲醇（AR），将配制好的染液密封保存棕色瓶内（最好于 0 ～ 4 ℃保存）。临用前用 pH 6.8 的磷酸盐缓冲溶液按 1∶10 稀释。

（7）磷酸盐缓冲液（pH 6.8）：将 11.81 g $Na_2HPO_4 \cdot 12H_2O$（或者 5.92 g $Na_2HPO_4 \cdot 2H_2O$）和 4.5 g KH_2PO_4 溶解于 1 000 mL 去离子水中。

【实验方法】

（1）秋水仙素处理：选择 8 ～ 10 周龄雄性小鼠，提前 2 ～ 3 h 腹腔注射秋水仙素 0.2 ～ 0.4 mL。

（2）取细精小管：颈椎脱臼法处死小鼠，剖开腹腔，取出睾丸放入 2% 柠檬酸钠的小培养皿中。剪开睾丸最外层的被膜，用尖头小镊子挑出细线状的细精小管，用柠檬酸钠冲洗 1 次。

（3）制细胞悬液：在装有少量柠檬酸钠的小培养皿中将细精小管剪碎，去掉膜状物，制成细胞悬液。

（4）固定：取 4 mL 细胞悬液加入 Camnoy 固定液 1 mL，轻轻吹打，以 800 ～ 1 000 r/ min 离心 5 ～ 10 min。吸去上清液，加入 6 ～ 8 mL 固定液，用吸管吹打均匀后静置固定 20 ～ 30 min，离心。然后再重复固定、离心 1 次。弃上清液，加固定液少许，吹打成细胞悬液。

（5）滴片：滴 1 ～ 2 滴细胞悬液于载玻片上，立即用口轻轻吹气，使细胞迅速分散，待其自然干燥。

（6）染色：将制片反扣在染色盘上，用姬姆萨染液染 20 ～ 30 min，自来水冲洗，晾干后镜检。

【预期结果】

细胞中的染色体被染成紫红色，能够观察到减数分裂各个时期的细胞分裂相。

【注意事项】

注意减数分裂各期的顺序和特征。

【实验报告】

（1）绘制减数分裂各个时期的小鼠生殖细胞图。

（2）比较有丝分裂和减数分裂过程的异同点。

实验 24　巨噬细胞的吞噬活动

【实验目的】

通过小白鼠腹腔巨噬细胞吞噬鸡红细胞活动的观察，加深理解细胞吞噬作用的过程及其意义。掌握小白鼠的正确抓取方法、腹腔注射给药方法和颈椎脱臼处死法。

【实验原理】

高等动物体内的巨噬细胞（macrophage）是由骨髓干细胞分化而成，进入血液后到达各组织内，并进一步分化为各种巨噬细胞，它具有强大的吞噬作用，是一种能够吞噬和分解各种异物（如细菌、病毒、细胞碎片等）的免疫细胞。巨噬细胞通过识别和结合异物表面的一些特定分子，将异物包裹入细胞内形成吞噬体，然后利用细胞内的溶酶体酶进行分解和消化，最终将残骸排出体外。

巨噬细胞吞噬的过程主要包括黏附、吞噬、内吞体形成、融合和分解五个主要步骤。

首先，巨噬细胞能够通过表面分子与异物的分子结合形成黏附。巨噬细胞表面的受体能够与异物表面的配体相互结合，使异物紧密附着在巨噬细胞表面。

接着，在黏附的基础上，巨噬细胞将形成一个围绕异物的伪足。伪足与异物表面结合，形成吞噬泡。这个过程需要细胞骨架的参与，以确保吞噬泡的稳定性。

然后，吞噬泡缩小、封闭形成内吞体。这个过程需要由吞噬素和肌动蛋白等分子的参与。内吞体内包含异物，随后与溶酶体融合。

内吞体与溶酶体的融合是巨噬细胞内消化异物的重要步骤。融合过程中，内吞体膜与溶酶体膜相互融合，形成融合体。融合体内的溶酶体酶会与异物接触，将异物分解为小分子物质。

最后，消化后的残骸从细胞内释放出来，并最终通过细胞质溶酶体途径排出体外。排出方式主要有两种：一种是通过外排，也就是细胞膜融合并释放内容物到胞外；另一种是通过溶酶体膜破裂，将溶酶体内的物质排入细胞外。巨噬细胞的吞噬和分解异物的能力一定程度上反映了高等动物免疫水平的高低。

【实验用品】

1. 仪器和用具

显微镜、注射器、注射针头、吸管、试管架、解剖用具、载玻片、盖玻片、记号笔、擦镜纸、香柏油等。

2. 材料

小白鼠；1% 鸡红细胞悬液：自健康鸡的翼下静脉采血 1 mL，放置于 4 倍体积的 Alsever's 溶液中。4 ℃条件下可保存一周。使用时用灭菌的生理盐水洗涤 3 遍（1 000 r/min，每次 5 min），然后用生理盐水配成 1% 的浓度。

3. 试剂

（1）Alsever's 溶液：将葡萄糖 2.05 g、柠檬酸三钠（$Na_3C_6H_5O_7 \cdot 2H_2O$）0.89 g、氯化钠 0.42 g，溶解后加去离子水至 100 mL，用柠檬酸（$C_6H_8O \cdot H_2O$）调 pH 至 7.2，保存于 4 ℃冰箱中备用。

（2）0.85% 生理盐水。

（3）4% 台盼蓝染液（用生理盐水配制）。

（4）6% 淀粉肉汤：可溶性淀粉 6.00 g 加水 100 mL，煮沸备用。

【实验方法】

（1）提前 3 天每天给小白鼠腹腔注射 1 mL 淀粉（含适量台盼蓝）。

（2）实验当天腹腔注射鸡红细胞 1 mL。

（3）15 ～ 20 min 后用颈椎脱臼法处死小鼠，解剖，吸取腹腔液。

（4）滴一滴腹腔液于载玻片上，加盖玻片，镜检。

（5）计算吞噬百分数和吞噬指数。

【预期结果】

鸡红细胞是一种带有淡黄色的椭圆形有核的细胞。在高倍镜下的鸡红细胞中可见到

圆形或形状不规则的巨噬细胞，其胞质中含有数量不一的蓝色颗粒（为吞入含台盼蓝的淀粉肉汤形成的吞噬泡）。将玻片标本慢慢移动，对巨噬细胞吞噬鸡红细胞的过程进行仔细观察：部分鸡红细胞（一个至多个）会紧紧附着在巨噬细胞表面；有的巨噬细胞已将一至数个鸡红细胞部分吞入；有的巨噬细胞已吞入了一个或几个鸡红细胞，并形成了椭圆形吞噬泡；有的巨噬细胞内的吞噬泡已与溶酶体融合正在被消化，体积缩小呈圆形。

【注意事项】

小白鼠腹腔注射给药、腹腔液吸取。

【实验报告】

（1）绘图表示巨噬细胞吞噬鸡红细胞的现象。

（2）统计吞噬百分数和吞噬指数，分析吞噬的免疫保护作用。

吞噬鸡红细胞的巨噬细胞比例（%）＝（100个巨噬细胞中，吞噬了鸡红细胞的巨噬细胞的数目）/100

吞噬指数＝（100个巨噬细胞吞噬的鸡红细胞的细胞数目）/100

【思考题】

（1）根据观察到的现象，描述巨噬细胞吞噬异物的整个过程。

（2）提前给小白鼠腹腔注射淀粉肉汤的目的是什么？

实验 25 四噻唑蓝（MTT）检测细胞增殖活力

【实验目的】

（1）了解并掌握MTT法测定细胞增殖活力的原理和方法。

（2）通过实验观察和比较不同条件下细胞的增殖活力，了解和掌握细胞增殖的基本规律。

（3）学会使用色谱光度计测定福尔马赞蓝的吸光度，间接评估细胞的活性。

（4）掌握MTT法在细胞生物学研究、药物筛选、毒性评价等领域的应用。

【实验原理】

四噻唑蓝（MTT）检测细胞增殖活力的实验原理是基于 MTT 在活细胞中被还原的能力。MTT 是一种黄色四环唑盐，可以通过活细胞的线粒体脱氢酶被还原为蓝紫色的晶体。这种脱氢酶活性主要存在于活细胞的线粒体中，是线粒体呼吸链的一部分，因此，其活性与细胞的生理状态密切相关。所以，通过测定结晶物溶液的吸光度，可以间接反映细胞的活性，进而推断细胞的增殖活力。

需要注意的是，MTT 检测法只能反映测定时刻细胞的活性，不能反映细胞的增殖曲线或者细胞的绝对数量。同时，由于福尔马赞蓝的产生需要线粒体的参与，因此 MTT 检测法对线粒体功能的影响也比较敏感。总的来说，MTT 检测法是一种广泛应用于评价细胞增殖和活性的有效方法。

【实验仪器】

进行四噻唑蓝（MTT）检测细胞增殖活力的实验，通常需要以下实验用品和试剂：

（1）细胞：你想要测量的细胞。

（2）培养液：维持细胞生长的液体，例如 Dulbecco's Modified Eagle Medium（DMEM）或 RPMI 1640，根据细胞类型可能需要添加 10% 的胎牛血清（FBS）和抗生素。

（3）MTT 试剂：四噻唑蓝盐。用生理盐水或 PBS 将 MTT 配成 5 mg/mL 的储备液，过滤分装后避光冷冻保存。

（4）DMSO（二甲基亚砜）或 SDS（十二烷基硫酸钠）：用于溶解蓝紫色晶体。

（5）培养皿或 96 孔板：用于细胞培养和处理。

（6）显微镜：用于观察细胞的形态和生长情况。

（7）酵母计数板和显微计数室：用于计算细胞的浓度。

（8）高速离心机：用于离心细胞和处理细胞。

（9）微量酵母计数板或多孔板读取器：用于测量蓝紫色晶体溶液的吸光度。

（10）实验手套、吸头、移液器等基本实验工具。

【实验方法】

（1）将冷冻保存的 MTT 储备液取出，融化后用培养液稀释 10 倍（1 mL MTT 储备液与 9 mL 培养液混匀）为 MTT 使用液，终浓度为 0.5 mg/mL。

（2）取出待测的细胞培养板（一般为96孔培养板），若为贴壁细胞，则将培养板倒置，弃去培养液，加入 MTT 使用液（100 μL / 孔）；若为悬浮细胞，则可直接加入 MTT 储备液，使其在培养液中的终浓度为 0.5 mg/mL。如各孔中培养液体积为 100 μL，则加入 MTT 储备液 10 μL，然后放在孵箱中孵育 1 ~ 4 h。

（3）取出细胞培养板，弃去 MTT 使用液，加入 150 μL DMSO 并摇荡 10 min，待颗粒完全溶解。

（4）用酶标仪在 490 nm 或 570 nm 波长处测定吸光度值。

【结果与分析】

用各受试物浓度组的吸光度值与对照组相比得出的百分率作为各受试物浓度组的细胞存活率。

$$细胞存活率（\%）= \frac{受试物组吸光度值}{对照组吸光度值} \times 100\%$$

【注意事项】

（1）培养板在接种细胞时应留出空白孔，空白孔除了没有细胞外，其他处理与接种细胞孔一致。酶标仪在测定每孔吸光度值时应自动将空白孔的本底值减去。

（2）当细胞培养液中含有高浓度还原物时，比如 5 mmol/L 维生素 C 时，在加入 MTT 使用液之前应洗涤。洗涤方法是：弃去培养液，加 PBS 200 μL/ 孔，摇荡后弃去 PBS，重复 2 次，然后加入 MTT 使用液。

（3）选择适当的细胞接种浓度。当培养板不是 96 孔培养板时，可将颗粒溶解后转移到 96 孔培养板上进行比色，或将部分细胞转移到 96 孔培养板上，再进行 MTT 试验。

【思考题】

（1）为何酶标仪在测定每孔吸光度值时应将空白孔的本底值减去。

（2）为何要选择适当的细胞接种浓度进行 MTT 实验。

🔬 实验 26　死活细胞的鉴别

【实验目的】

掌握鉴定死活细胞的常用方法及原理。

【实验原理】

细胞的生存状况是衡量细胞群体健康状况的重要参数。辨别细胞的存活或死亡的方法有很多，其中，最常见的是染色排除法和荧光排除法。染色排除法的原理：大多数酸性染料无法轻易穿越活细胞的细胞膜，但可以渗透进死细胞并染色，如试剂台盼蓝、苯胺黑和赤显红 B 等。荧光排除法的：活细胞内存在高度活跃的酯酶，它能够将双醋酸酯荧光素（FDA）中的荧光素分解出来，进而使细胞内产生强烈的黄绿色荧光。而死细胞由于失去酯酶活性，无法分解 FDA，因此不会产生荧光。这些方法能够依据以上原理明确区分活细胞与死细胞。

【实验用品】

1. 仪器和用具

显微镜、荧光显微镜、离心机、血球计数板等。

2. 材料

不同培养时期的烟草细胞。

3. 试剂

（1）0.4% 的台盼蓝溶液，用生理盐水配制。

（2）双醋酸酯荧光素染液：FDA 溶于丙酮，1 mg/mL。

（3）pH 6.8 的磷酸盐缓冲溶液。

【实验方法】

染色排除法鉴别死细胞（采用台盼蓝）。

镜检法：取 0.5 mL 细胞悬液放入干净试管中，加入约 0.1 mL（1～2 滴）0.4% 的台盼蓝染液，混合 2 min 后立即制成临时装片，加入染液后就可以在显微镜下区别活细胞和死细胞，活细胞不会被染色。

计数法：①取一套血球计数板，将特制的盖玻片盖在血球计数槽上；②用吸管吸取 5 滴细胞悬液到一离心管中，加入 5 滴台盼蓝染液（0.4%）；③将细胞悬液滴入计数板：将待测细胞悬液吹均匀，然后吸取少量悬液沿盖片边缘缓缓滴入，要保证盖片下充满悬液，注意盖片下不要有气泡，也不能让悬液流入旁边槽中；④统计四个大格的细胞数：将血球计数板放于显微镜的低倍镜下观察，并移动计数板，当看到镜中出现计数方格后，数出四角的四个大格（每个大格含有 16 个中格）中没有被染液染上色的细胞数目以及细胞总数；⑤按下面公式计算原细胞悬液的细胞数：

$$细胞悬液的细胞数 /mL = （四个大格子细胞数 /4）×2×10^4$$

式中，除以 4 是计数了 4 个大格的细胞数；乘以 2 是细胞悬液：染液 = 1∶1 稀释；乘以 10^4 是计数板中每一个大格的体积为：1.0 mm×1.0 mm×0.1 mm = 0.1 mm³ 而 1 mL = 1 000 mm³。

【注意事项】

（1）进行细胞计数时，要求悬液中细胞数目不低于 10^4 个 /mL，如果细胞数目很少要进行离心再悬浮于少量培养液中。

（2）要求细胞悬液中的细胞分散良好，否则会影响计数准确性。

（3）取样计数前，应充分混匀细胞悬液，以求计数准确。

（4）数细胞的原则是只数完整的细胞，若细胞聚集成团时，只按照一个细胞计算；如果细胞压在格线上时，则只计上线，不计下线；只计右线，不计左线。

（5）操作时，注意盖片下不能有气泡，也不能让悬液流入旁边槽中，否则要重新计数。

2. 荧光排除法鉴别死细胞

（1）将双醋酸酯荧光素数滴直接加入细胞悬液，每 100 μL 细胞悬液约加 4 μL 荧光染色液染色，以 800～1 000 r/min 的转速离心约 5 min，使细胞沉淀后收集，并使用染色液进行染色处理。

（2）用 PBS 洗涤 2 次，离心后用 PBS 悬浮细胞，制片，镜检。

【预期结果】

（1）染色排除法实验中：死细胞被台盼蓝染成蓝色，活细胞不着色。

（2）荧光排除法实验中：生活能力强的细胞能发出强烈的黄绿色荧光，生活能力弱的细胞发出的荧光较弱，死细胞则无荧光。

【实验报告】

统计不同培养时期细胞的存活率，并对结果进行分析。

【思考题】

讨论细胞存活率在研究中的应用和意义。

实验 27　细胞凋亡的检测

【实验目的】

本实验的目标是通过光学显微镜观察和学习凋亡细胞的形态特征，了解并掌握凋亡细胞的识别和鉴别方法，以此提高我们对细胞生命过程、生物体内环境稳定和疾病发生发展的深层理解。此外，实验旨在培养学生的观察力和实验操作技能，使他们能独立进行凋亡细胞的鉴别和分析。

【实验原理】

所谓细胞凋亡（apoptosis），就是当细胞受到内因子和外因子的刺激后出现的由基因调控的生理性死亡行为，这属于主动且高度有序的过程，它涉及一系列基因的激活、表达以及调控等的作用，它并不是病理条件下自体损伤的一种现象，而是为更好地适应生存环境而主动争取的一种死亡过程。

在生物体的生长发育过程中，细胞凋亡具有至关重要的作用。近几年，细胞凋亡已经成为生命科学领域的研究热点，而且也在众多研究人员的努力下取得了不错的研究成果。

最初关于细胞凋亡的研究是对动物细胞进行研究。由于植物细胞有细胞壁，在检测与操作上都具有一定难度，所以植物细胞凋亡研究相对起步较晚。现在许多研究证明，植物中也普遍存在着凋亡现象，如在植物正常生长发育（胚的发育，导管的形成，根、茎叶的发育等）、对环境的胁迫反应、被病原体侵入引起的超敏反应（hypersensitive response，HR）等过程中均有凋亡发生。

【实验用品】

1. 仪器和用具

普通光学显微镜、刀片、镊子、离心管、载玻片、盖玻片、电脑（显微摄影软件）。

2. 材料

洋葱、EC109 细胞。

3. 试剂

（1）10 mol/L $CaCl_2$。

（2）改良苯酚品红染色液：A 液，取 3.0 g 碱性品红溶于 100 mL 70% 乙醇中，此液可于 4 ℃ 长期保存；B 液，取 A 液 10 mL 加入 90 mL 5% 苯酚水溶液中（两周内使用）；C 液：取 B 液 55 mL，加入 6 mL 冰醋酸和 6 mL 38% 的甲醛（能够长时间保存）。

取 10 mL 的 C 液，加入 90 mL 45% 醋酸以及 1.5 g 山梨醇。梨醇为助渗剂，兼有稳定染色液的作用。放置两周后使用，染色效果更好，可普遍用于植物组织的压片法和涂片法，使用 2 ～ 3 年不变质。

（3）0.5 g/L AO。

（4）0.5 g/L EB。

【实验方法】

1. 化学试剂诱导法

（1）处理液的准备：第 1 组，2 mL 去离子水；第 2 组，2 mL 去离子水 +1 mL 1 mol/L $CaCl_2$；第 3 组，2 mL 去离子水 +1 mL 5 mol/L $CaCl_2$；第 4 组，2 mL 去离子水 +1 mL 10 mol/L $CaCl_2$；第 5 组，2 mL 去离子水煮沸。

（2）撕取洋葱内表皮若干，分别放入上面各组试管中，分别于 2 h、4 h、6 h、8 h、10 h 后取样。

（3）取出洋葱内表皮，平铺在载玻片上，滴加 1 ～ 2 滴改良苯酚品红溶液，20 min

后加盖玻片，镜检，拍照。

（4）预期结果：

正对照组（第 1 组）：细胞膜完整，细胞核呈球形，染色均匀，细胞质均匀透明，从细胞核大都倚靠边缘可推断液泡依然完整。

凋亡细胞组（第 2～4 组）：细胞核有裂解现象，中间出现空泡，有的呈半月形。出现轻度质壁分离，并且细胞核大都不再处于边缘，这说明液泡可能开始萎缩甚至裂解。

坏死细胞组（第 5 组）：细胞破碎，细胞核破碎，细胞内杂物较多，凌乱。

2. AO/ EB 双重荧光染色检测细胞凋亡

（1）EC109 细胞悬液的接种：盖玻片清洗后，灭菌。取对数生长期的细胞，用 EDTA+胰酶消化至单个细胞悬液，计数。把盖玻片放入 6 孔板内，加入细胞约 50 000 个/孔，2 mL/ 孔。待细胞贴壁约 70% 后，加入含有 0 mg/L、80 mg/L、400 mg/L、2 000 mg/L、10 000 mg/L 茶氨酸的细胞培养液 2 mL/ 孔，继续常规培养；每 24 h 同法换液一次。每个浓度设 3 个重复。

（2）细胞凋亡检测：48 h 后，取 AO（0.5 g/m）和 EB（0.5 g/L）等体积混匀制成 AO/ EB 荧光染液，置 1 滴于载玻片。取出 6 孔板内的盖玻片，置于 0.01 mol/L PBS 工作液内略漂洗，细胞面朝下覆于 AO/EB 荧光染液上，用滤纸吸掉多余的液体。使用相应的滤光片（蓝光激发），用荧光显微镜观察，于 10 min 内计数 200 个细胞，拍照。

（3）预期结果。吖啶橙（AO）能透过胞膜完整的细胞，嵌入细胞核 DNA，使之发出明亮的绿色荧光，溴乙锭（EB）仅能透过胞膜受损的细胞嵌入 DNA，发橘红色荧光。凋亡的细胞呈现为染色增强，荧光更明亮，均匀一致的圆状或固缩状、团块状结构；非凋亡细胞核呈现荧光深浅不一的结构样特征。二者形态相异，很容易判断。在荧光显微镜下观察，可见四种细胞形态：

①活细胞：核染色质着绿色，并呈现正常结构。

②早期凋亡细胞：核染色质着黄绿色，并呈固缩状或圆珠状。

③晚期凋亡细胞：核染色质着橘红色，并呈固缩状或圆珠状。

④非凋亡的死亡细胞：核染色质着橘红色，并呈正常结构。

【注意事项】

（1）除了 $CaCl_2$ 外，还可选用其他化学试剂进行诱导。

（2）要严格分组，设立对照。

（3）注意坏死细胞与凋亡细胞的区别。

【思考题】

（1）凋亡细胞的检测方式有哪些？

（2）本实验所用化学试剂诱导凋亡产生的原理是什么？

实验 28　动物细胞原代培养

【实验目的】

学习动物原代培养的基本操作技术，掌握细胞原代培养中常用的组织块培养法和消化培养法，初步掌握无菌操作方法。

【实验原理】

细胞培养是通过无菌操作的方式取出动物体内的组织或器官，然后对动物体内的生理条件进行培养，并使取出的器官和组织在体外得到培养，使其不断生长和繁殖，人们则可以对其细胞的生长、繁殖、衰老等进行观察。

细胞的优点：方便研究物理因素、化学因素等外在的因素对于细胞生长发育所造成的影响；便于人们对细胞内结构（如细胞骨架等）、细胞生长及发育等过程的观察。因而细胞培养是探索和指示细胞生命活动规律的一种简便易行的实验技术，同时也不可忽略另一个因素，那就是它脱离了生物机体后的一些变化。

目前在生物学的各个领域都对细胞培养技术进行了广泛的应用，如分子生物学、细胞生物学、遗传学、免疫学、肿瘤学及病毒学等。

为此有必要使学生在细胞培养方面得到一些初步的感性知识，了解动物细胞培养的基本操作过程，观察体外培养细胞的生长特征，对原代细胞（primary culture cell）与传代细胞（subculture cell）有一个基本的了解。

原代细胞培养，还叫作原代培养（primary culture），指的是将直接从动物体内获取的细胞、组织或器官在体外培养，直到第一次传代为止。这种培养，首先用无菌操作的方法，从动物体内取出所需的组织（或器官），经消化，分散成为单个游离的细胞，在人工培养下，使其不断地生长及繁殖。

细胞培养是一种操作烦琐而又要求十分严谨的实验技术。要使细胞能在体外长期生长，必须满足两个基本要求：一是供给细胞存活所必需的条件，如适量的水、无机盐、氨基酸、维生素、葡萄糖及其有关的生长因子、氧气、适宜的温度，注意外环境酸碱度与渗透压的调节；二是严格控制无菌条件。

【实验用品】

1. 器材

解剖剪、解剖镊、眼科剪（尖头、弯头）、眼科镊（尖头、弯头）、培养皿、纱布块（或不锈钢网）、玻璃斗、量筒、试管、锥形瓶、吸管、橡皮头、培养瓶（小方瓶或中方瓶）等。上述器材均须彻底清洗、烤干、包装好，9.9×10^4 Pa（15 磅）灭菌 30 min，备用。此外还有显微镜、血细胞计数器、血细胞计数板、酒精灯、酒精棉球、碘酒棉球、试管架、标记笔、解剖板以及包装灭菌的工作服、口罩和帽子等。

2. 试剂

（1）平衡盐液：Hank 液。

（2）细胞消化液：常用的有 0.25% 的胰蛋白酶（活性 1∶250）。

（3）0.5% 水解乳白蛋白—Hank 液（简称 Hanks 液）。

（4）小牛血清。

（5）7.4% NaHCO3。

（6）1 000 U/mL 青霉素液、链霉素液。

以上溶液均经适当包装，灭菌后备用。

3. 材料

出生后 2 ～ 3 d 的乳鼠。

【实验方法】

1. 乳鼠肝细胞原代培养的基本过程

消化法（以胰蛋白酶液消化为例）具体流程见图 5-1。

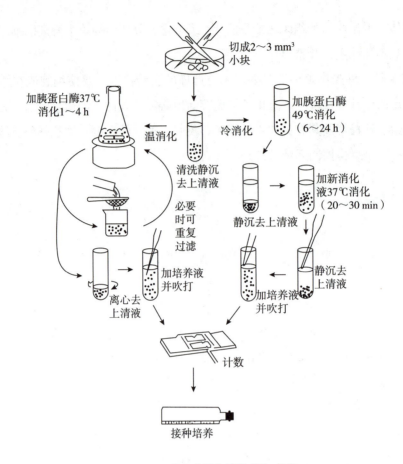

图 5-1 消化法原代培养基本步骤

（1）手的清洗与消毒。操作者首先进行手的清洗与消毒，再将实验用品放在适合的位置，然后配制营养液及调节平衡盐液的 pH。

①乳鼠肝细胞营养液的配制。

0.5%LH 液	90%
小牛血清	10%
1 万 U/mL	青霉素、链霉素加至约 100 U/mL
7.4% NaHCO₃	调 pH 至 6.8 ～ 7.0

②平衡盐液 – Hank 液的调节。

用 7.4% NaHCO₃ 调 Hank 的 pH 至 6.8 ～ 7.0。

（2）处死动物。取乳鼠，拉颈椎处死，然后用 75% 乙醇浸泡 2 ～ 3 s（注意小鼠在乙醇中时间不宜过长，以免乙醇从口和肛门中侵入，影响组织生长）。

（3）取肝。用乙醇和碘酒对小鼠的腹部进行消毒处理后，再用眼科剪将其腹部皮肤剪开露出皮下组织，再用乙醇和碘酒对皮下组织进行消毒，用新的镊子和剪子打开腹腔，可看到肝脏器官。用剪子剪下一小块肝组织，将其放入无菌培养皿中中进行培养。

（4）剪肝。用 Hank 液对剪下的肝组织进行三次清洗，去掉脂肪结缔组织、血液等杂物。将处理好的肝组织放入青霉素小瓶中，再用弯头剪将肝组织剪成 1 mm³ 大小的碎块，所剪碎块的大小要尽可能均匀一些，再用 Hank 液对这些碎块进行清洗，直到清洗后的液体澄清为止。

（5）消化及分散组织块。吸掉上步清洗过的 Hank 液，再加入 0.25% 的胰蛋白酶液（pH7.6 ～ 7.8），所加入的胰蛋白酶液应为组织块体积的 5 ～ 6 倍量。然后放置在 37 ℃的水浴中进行消化。消化时间为 20 ～ 40 min（消化时间的长短与多种因素有关，如胰蛋白酶的活性及浓度，不同动物及年龄、组织块的大小等）。每隔 10 min，要摇动一次青霉素瓶，从而使组织块散开，以便继续消化，直到组织块变得松散、黏稠，颜色呈白色为止。此时将青霉素瓶从水浴中取出，将胰蛋白酶液吸去，再用 Hank 液洗涤 2 ～ 3 次。再往里面加入少量的 Hank 液，用吸管对组织块进行反复吹洗，直至大多数的组织块都分散成混淆的细胞悬液为止。这个时候就可以把分散的细胞悬液经过灭菌的纱布（或不锈钢网）进行过滤，以去除部分较大的组织碎片。

（6）计数与稀释。从滤过的细胞悬液中吸取 1 mL 细胞液，然后进行计数；在血细胞计数板上滴入细胞液，按白细胞计数法进行计数，计数后用营养液进行稀释，稀释后的浓度一般以每毫升含细胞 30 万～ 50 万个为宜。

（7）分装与培养。将稀释好的细胞悬液分装于培养瓶中（一般 5 mL/ 小方瓶），盖紧瓶塞。在培养瓶的上面做好标志，注明细胞、组别及日期，然后放于白瓷盘中，并轻轻摇动，避免细胞堆积，以便细胞能均匀分布；最后将培养瓶置于 CO₂ 培养箱，37 ℃ 条件下进行培养。

组织块法：

（1）其他步骤同"消化法" 1 ～ 3 点，然后将肝组织移入一新的培养皿中，用吸管吸取 0.5 mL 培养基置于肝组织上，用另一眼科剪将其剪成 1 mm³ 左右的小块。

（2）用弯头吸管小心地吸取剪碎的肝组织块，将其放入培养瓶内。

（3）用弯头吸管头移动肝组织块，使其在培养瓶底分布均匀，小块之间的间距要控制在 0.5 cm 左右，25 mL 的培养瓶可放置 15 ～ 20 块肝组织块。

（4）吸取少量的培养基，沿着培养瓶的瓶颈将培养基慢慢滴入，直至恰好将组织块

底部浸润且不会有组织块漂浮为佳。

（5）轻轻将培养瓶置于培养箱中培养。

（6）24 h后取出观察，即有少量细胞从组织块周围游离而出，视需要补以少量培养基。

2. 原代培养细胞的观察

置于37 ℃培养的细胞，需逐日进行观察。

（1）组织块法培养细胞的观察。培养24 h以后，通过倒置显微镜进行观察，可看到有少量的细胞从组织块边缘游离出来；48 h以后，可看到有很多细胞呈放射状在组织块周围排列，这些细胞的细胞核比较大，胞质内含物少、透明度高，彼此间排列紧密。靠近组织块的细胞胞体较小、较圆，离组织块较远的区域可见多角形的细胞，体积较大，有些细胞的形态间于圆形与多角形。

（2）胰蛋白酶消化法培养细胞的观察。在倒置显微镜下，可见刚接种于培养瓶中的细胞均呈圆形悬浮于培养液中。24 h后，大多数细胞已贴附于培养瓶底部，胞体伸展，重新呈现出其肝细胞原有的、不规则多角形上皮性细胞特征。48 h以后，细胞开始增殖，细胞的数量明显增多，在接种的细胞或细胞团的周围可见有新生的细胞，这些细胞轮廓通常较浅，因内含物少而较为透明。96 h以后，新生的细胞将逐渐连接成片，细胞轮廓增强，核仁明显可见，透明度会变弱。

观察时注意：

（1）培养物是否被污染，如培养液变为黄色且浑浊，表示该瓶被污染。

（2）细胞生长状况与培养液颜色的变化，如培养液变为紫红色，通常表示细胞生长不好，可能是因为没有盖紧瓶塞，抑或是营养液的pH过高。

（3）如果培养液变成了橘红色，就表示细胞的生长状态良好。经过 1～2 d 培养后，如果细胞的生长情况较差或者是培养液变红，就要对营养液进行更换。在更换营养液的过程中要注意无菌操作，在酒精灯旁倒去原培养瓶中的营养液，再加入等体积新配营养液，pH7.0。若经 2～3 d 后，细胞营养液变黄，此时表示细胞已生长。如果希望细胞长得更好些，此时也可换液。换液时，所用的溶液称为维持液，它与营养液的组成完全相同，但所用血清量为5%。以后，每隔 3～4 d（视细胞液 pH 而定）更换一次维持液。待细胞已基本长成致密单层时，即可进行传代培养。

3. 培养细胞生长期的划分

大部分的二倍体细胞在培养过程中的生存期都是有限的，最多可以生存一年的时间，传 30 ～ 50 代，相当于 150 ～ 300 个细胞周期。在全生存过程中，往往会经历 3 个阶段，即原代培养期、传代期以及衰退期。

（1）原代培养期。将组织接种从体内取出，将其培养到第一次传代的阶段，通常需要 1 ～ 4 周的时间。在此期间，细胞活跃地移动，可见细胞分裂，但不旺盛。原代培养细胞与体内原组织相似性大，细胞是异质（heterogeneous），相互依存性强，细胞克隆形成率非常低，和体内细胞性状相似，是进行药物测试的很好的对象。

（2）传代期。传代期是全生命期中持续时间最长的阶段，如果培养条件良好，细胞增殖旺盛，并维持二倍体核型。为了保持二倍体细胞的性质，细胞应在原代培养或传代后早期冻存。目前世界上常用细胞系均在不出 10 代内冻存。如若不进行冻存，就需要反复传代，这样很有可能使二倍体性质丧失。当传 30 ～ 50 代后，细胞增殖缓慢以至完全停止。

（3）衰退期。细胞依然存活，但是不会增殖或者是增殖的速度很慢，最后衰退死亡。

在细胞生命期中，少数情况下在以上三期任何一期均可发生细胞自发转化。转化的标志之一是细胞获得永久性增殖能力，成为连续细胞系（株）。连续细胞系的形成主要发生在传代期。转化后的细胞可能具有恶性性质，也可能仅有不死性（immortality）而无恶性。所有体外培养细胞包括原代培养和各种细胞系（株），生长达到一定的密度后都需做传代处理。传代的频率和间隔与接种细胞数量、细胞生物学性质以及营养液性质等有关。接种细胞多则细胞数饱和速度快；连续细胞系和肿瘤细胞系比原代培养细胞增殖快；培养液中血清含量多时，细胞增殖快。一般是在细胞长满瓶壁，培养液 pH 稍降低时做分离培养。依据细胞特性，将一瓶细胞 1∶4 或 1∶3（即 1 瓶传 4 瓶或 3 瓶）传代。如 NIH3T3 成纤维细胞，每 3 d 传代，接种 3×10^5/mL。在细胞长满瓶壁后应尽早传代。否则细胞会中毒，形态发生改变，重则从壁上脱落死亡。传代过晚（若已有中毒迹象）能影响下代细胞的动能状态，细胞要再传一代或者两代去除掉不健康的细胞，从而使细胞恢复使用。

4. 细胞的计数方法

细胞计数一般用血细胞计数板，按白细胞计数法进行计数。

操作方法如下：

（1）首先取待稀释的细胞悬液 1 mL 加 4 mL 生理盐水（或 Hank 液）做 5 倍稀释。

（2）先将特制的盖玻片放在血细胞计数板上，使两侧均现带色牛顿环。用血色素吸管（或细吸管）取少量待测细胞悬液，沿盖玻片边缓缓滴入，让其自由渗入，待整个盖玻片下均充满细胞悬液为宜。注意不要使液体流到旁边的凹槽中。

（3）在显微镜下，用 10×10 的倍数进行计数，所用计数板如图 5-2 和图 5-3 所示。

（4）计数的方法是：按图 5-2 计算计数板的四角大方格（每个大方格又分 16 个小方格）内的细胞。计数时，只计数完整的细胞，聚成一团的细胞按一个细胞计数。在一个方格中，如果有细胞位于线上，一般计上线细胞不计下线细胞，计左线细胞不计右线细胞。计数误差不能超过 ±5%。

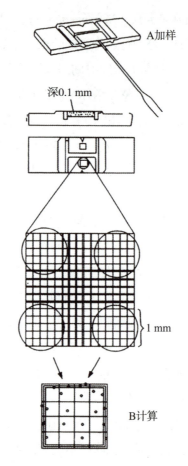

A加样

深0.1 mm

1 mm

B计算

图 5-2　细胞计数过程示意

（5）计完数后，需换算出每毫升悬液中的细胞数。由于计数板中的每一方格的面积为 0.1 cm²，高为 0.01 cm，这样它的体积即为 0.000 1 cm。故可按下式计算：

$$原细胞悬液细胞数/mL = n/4 \times 10\,000 \times 5（稀释倍数）$$

式中，n 为四大格内的细胞总数。

注意事项：

在进行无菌操作的过程中，必须保证工作区的无菌清洁。对此，在操作之前要认真地用 75% 乙醇洗手，进行手部的消毒。操作前 20～30 min 打开超净台吹风。操作时，严禁说话，严禁用手去拿无菌的物品，如瓶塞等，而要用止血钳、镊子等相关器械去拿。在超净台内才可以将培养瓶的瓶塞打开，打开前要先用乙醇对瓶口进行消毒，打开后以及加塞之前都要用酒精灯烧一下瓶口，打开瓶口后的所有操作活动都应在超净台内进行。操作完毕后，加上瓶塞，才可以将其拿到超净台外。使用的吸管在从消毒筒中取出后要手拿末端，将尖端在火上烧一下，戴上胶皮乳头，然后再吸取液体。总而言之，整个无菌操作过程都应该在酒精灯的周围完成。

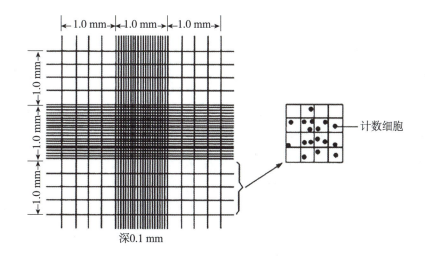

图 5-3　细胞计数板示意图

【思考题】

（1）简述细胞原代培养的操作程序及注意事项。

（2）细胞培养获得成功的关键要素是什么？

附：试剂的配制

1. Hank 原液与 Hank 液配制法

Hank 原液：

NaCl	80.0 g
Na$_2$HPO$\cdot$H$_2$O	0.6 g
KCl	4.0 g

KH_2PO_4	0.6 g
$MgSO_4 \cdot 7H_2O$	2.0 g
葡萄糖	10.0 g
$CaCl_2$（无水）	1.4 g
加水至	1 000 mL

加入防腐剂（氯仿或双抗）。

配制程序：

（1）称取 1.4 g $CaCl_2$，溶于 30～50 mL 的重蒸水中。

（2）取 1 000 mL 烧杯及容量瓶各 1 只，先放入重蒸水 800 mL 于烧杯中，然后按上述配方顺序，逐一称取药品。但必须在前一药品完全溶解后，方可加入下一药品，直到葡萄糖完全溶解后，再将已溶解的 $CaCl_2$ 溶液加入，要边加边混匀，注意不要出现沉淀。最后在容量瓶中加水至 1 000 mL，定容。用滤纸过滤后，加入 2 mL 氯仿。充分混匀后，分装，盖紧瓶塞，写好标签，置于 4 ℃ 冰箱保存。

Hank 液配制：

Hank 原液	100 mL
重蒸水	896 mL
0.5% 酚红	4 mL

配制好的 Hank 液，分装，包扎好瓶口，贴好标签，经 5.28×10^4 Pa（8 磅）30 min 或 6.6×10^4 Pa（10 磅）20 min 灭菌，后置于 4 ℃ 保存。使用时，加入 $NaHCO_3$ 少许调至所需的 pH。

2. 磷酸缓冲液（PBS）的配制

原液 A：

NaCl	8.00 g
KCl	0.20 g
Na_2HPO_4	1.15 g
KH_2PO_4	0.20 g

按顺序将上述药品逐一溶解于 500 mL 的重蒸水中，然后加入 0.5% 酚红液 4 mL，最后加水至 800 mL。

原液 B：

$MgCl_2 \cdot 6H_2O$	0.1 g

溶于 100 mL 重蒸水中

原液 C：

CaCl$_2$	0.1 g
溶于 100 mL 重蒸水中	0.1 g

配制好的 A、B、C 原液，须经高压灭菌，灭菌条件同 Hank 液。

PBS 使用液的配制：

原液 A	8 份
原液 B	1 份
原液 C	1 份

如需用无钙镁离子的 PBS 液，则只取 A 液，其余部分以水代替即可。

3. 胰蛋白酶溶液的配制

配制胰蛋白酶时，要注意药品的牌号、活性及保存时间。不同的牌号、质量会有差别，更重要的是应注意酶的活性。配制时，应按所标活性（一般活性为 1∶250）配制最适浓度的溶液。配制方法如下：

0.25% 胰蛋白酶溶液的配制：

1∶250 胰蛋白酶	0.25 g
Hank 液	100 mL

配制时先用少量 Hank 液溶解胰蛋白酶，然后再将余液加入。置于 37 ℃ 水浴中，溶解 1 h（时间的长短取决于溶解程度，待溶液全部透彻清亮为止）。溶解后，用除菌滤器过滤，无菌分装，密封，贴好标签，置于低温冰箱（−20 ℃）保存。使用前，用 7.4% NaHCO$_3$ 调 pH 至 7.6 ～ 7.8。

4. 0.02%EDTA 钠盐溶液的配制

EDTA	0.2 g
NaCl	8.00 g
KCl	0.20 g
Na$_2$HPO$_4$	0.073 g
KH$_2$PO$_4$	0.20 g
葡萄糖	2.00 g
0.5% 酚红	4.00 mL
重蒸水加至	1 000 mL

7.4%NaHCO$_3$ 粗调 pH 至 7.4

配制好，分装于小瓶中，经 $5.28×10^4$ Pa（8 磅）30 min 或 $6.6×10^4$ Pa（10 磅）20 min 灭菌。灭菌后置于室温或 37 ℃，经 3～5 d 作为菌检，无菌者，即可 4 ℃ 存放，备用。

5. Eagle 低限必须培养液

成品 E-MEM 液的配制：

E-MEM   9.9 g

重蒸水加至   1 000 mL

配好后，分装，经 $9.9×10^4$ Pa（15 磅），15 min 高压灭菌，置于 4 ℃ 存放，备用。使用时，每 100 mL MEM 液中加入 1 mL 3% 谷氨酰胺溶液。

6. 10 000 U/mL 青霉素、链霉素的配制

硫酸链霉素   1 g

青霉素 G 钾盐   100 万 U

配制时将上述两种药品溶解于 100 mL 生理盐水（或 Hank 液）中。然后用除菌滤器过滤（或在无菌间内，用灭菌的盐水配制亦可），分装于青霉素瓶中，放冰箱（或 −20 ℃）保存，备用。使用时，可按 100 U/mL 稀释。

7. 台盼蓝染液的配制

0.5% 台盼蓝染液的配制：台盼蓝 0.5 g，溶于 100 mL Hank 液中。待溶解后，过滤以除去不溶解的杂质。

染色时，可用等体积的染液，染 3～5 min 后，即可进行观察计数，此时，活细胞透明无色，死细胞被染成均匀蓝色。但不得超过 15 min。

 实验 29　动物细胞传代培养

【实验目的】

（1）了解动物细胞的传代培养方法及其操作过程。

（2）学习观察体外培养细胞的形态及生长状况。

【实验原理】

传代细胞来源于人体及动物的肿瘤组织或正常组织。其染色体组型发展为非整倍体或二倍体低于 75%。这样的这种非整倍体细胞在体外具有无限的生命力，通常具有异种移植的能力、较广泛和病毒敏感性。传代细胞的特征是：①具有恒定繁殖特征，少数细胞有繁殖的能力，在琼脂内能够克隆；②有的为贴壁生长，有的悬浮生长；③染色体组型为异倍体，大多数人源细胞染色体为 60 ～ 70 条；④保留种属特异性，但组织分化性与脏器特征均消失；⑤具有致癌性。由于传代细胞繁殖迅速，易获取，易保存，已为各实验广泛采用。

传代培养（secondary culture）是指细胞从一个培养瓶以 1∶2 或 1∶2 以上的比例转移，接种到另一培养瓶的培养。变种培养，第一步也是制备细胞悬液。当细胞生长成致密单层时，它很容易被蛋白水解酶和整合剂（EDTA）所破坏。因为 EDTA 对钙、镁离子具有亲和力，而这两种离子又是细胞保持紧密结合所必需的因素。所以一般采用胰蛋白和 EDTA（乙二胺四乙酸盐）的混合物，作为消化液。

【实验用品】

1. 器材

小三角烧瓶、培养瓶、无菌吸管（5 mL 及 1 mL）、毛滴管、废液瓶等。

2. 试剂

Hanks 液，0.25% 胰蛋白酶，0.02% EDTA，RPM11640 生长液，青霉素、链霉素（PS），5.6% $NaHCO_3$，0.5% 台盼蓝染液。以上溶液均需分装、包扎好，灭菌后备用。

3. 材料

传代细胞（HeLa 细胞）、小鼠腹水瘤 S180。

【实验方法】

1. 贴壁细胞——HeLa 细胞传代培养

（1）选生长良好的 HeLa 细胞一瓶，轻轻摇动培养瓶数次，悬浮起浮着在细胞表面的碎片，然后连同生长液一起倒出，用 Hanks 液洗一次。

（2）从无细胞面侧加入 0.25% 胰蛋白酶 –EDTA 消化液 4 ～ 5 mL，翻转培养瓶，使消化液浸没细胞 1 min 左右。

（3）翻转培养瓶，放置 5 ～ 10 min，为促进细胞的消化，可以加入 37 ℃ 预热的消化液，或在细胞面向上时，用手掌贴着细胞面的瓶外壁，待肉眼观察细胞面出现布纹孔状为止。

（4）倒出消化液，如系 EDTA 消化，需沿细胞层的对面加 Hanks 液 4 ～ 5 mL 洗涤，轻轻转动培养瓶，让液体在瓶体内慢慢流动，以洗掉消化液。如系胰蛋白酶消化，倒掉胰酶后可不洗涤。

（5）沿细胞面加入适量新配的生长液，洗下细胞，并用吸管吹洗数次，使细胞分散开，按 1∶2 或 1∶3 分配传代培养，并补足生长液。

（6）37 ℃ 培养，接种后 30 min 左右可贴壁，48 h 可换生长液，一般 3 ～ 4 d 可形成单层，形成单层后再更换维持液供实验用。

2. 悬浮细胞——食管癌细胞（小鼠腹水瘤 S180）传代培养

（1）选生长良好的小鼠腹水瘤 S180 细胞一瓶，轻轻加入等量的生长液。

（2）用无菌吸液管轻轻吹打，使小鼠腹水瘤 S180 细胞均匀悬浮，然后吸出一半的细胞悬液加入另一个培养瓶中。

（3）37 ℃，5% CO_2 于孵箱中培养 24 ～ 48 h。

（4）如果细胞比较浓，可按 1∶3 分配传代培养。

传代细胞培养的传代间隔一般是每周 1 ～ 2 次。实际上需根据细胞的性质（尤其是增殖速度）、使用的目的和接种的数量而改变。当传代的间隔为每周 1 次时，应 3 ～ 4 d 换液一次。

细胞培养 24 h 后，可进行观察，观察的重点在于：要先观察培养细胞是否污染，主要观察培养液颜色的变化及浑浊度；观察培养液颜色变化及细胞是否生长；如细胞已生长，则要观察细胞的形态特征并判断其所处的生长阶段；观察完毕，可用台盼蓝染液对细胞进行染色。以确定死、活细胞的比例。

3. 细胞的生长阶段机器形态特征

传代培养的细胞需逐日进行观察，注意细胞有无污染，培养液颜色的变化及细胞生长的情况。一般单层培养的细胞，从培养开始，经过生长、繁殖、衰老及死亡的全过程。它是一个连续的生长过程，但为了观察及描述，人为地将其分为 5 个时期，但各期间无明显绝对界限。现分别描述如下。

（1）离期。当细胞经消化分散成单个细胞后，由于细胞原生质的收缩和表面张力以及细胞的弹性。所以，此时细胞多为圆形，折光率高，此期可延续数小时。

（2）附期（贴壁）。由于细胞的附壁特性，细胞悬液静壁培养一段时间（7 ～ 8 h）

后便附着在瓶壁上（此期不同细胞所需时间不同）。在显微镜下观察时可见瓶壁上有各种形态的细胞，如圆形、扁形、短菱形。细胞的特点是立体感强，细胞内颗粒少，透明。

（3）繁殖期。培养 12 h 以后直到 72 h（不同细胞亦不同），细胞就会进入繁殖期，促使细胞加速分裂和生长。此期包括由几个细胞形成的细胞岛，也就是由少数细胞聚集而呈现的孤立细胞群，常分散地分布在瓶壁（即所谓形成细胞单层）的过程。此期细胞形态为多角形（呈现上皮样细胞的特征）。细胞的特征是透明、颗粒少、细胞间界限清楚，并且能够隐约看见细胞核。据细胞所占瓶壁有效面积的百分率，又可将其生长状况分为四级。以 "+" 的多少表示如下：

① "+" 为细胞占瓶壁有效面积（也就是细胞能生长的瓶壁面积）的 25% 以内，有新生细胞。一般要 观察 3 ~ 5 个视野内的细胞生长状况，然后加以综合分析判断。

② "++" 为细胞占瓶壁有效面积的 25% ~ 75%，具有新生细胞。

③ "+++" 为细胞占瓶壁有效面积的 75% ~ 95%，具新生细胞。细胞排列紧密，但仍有空隙。

④ "++++" 为细胞占瓶壁 95% 以上，细胞已长满或接近长满单层，细胞致密，透明度好。

从 "++" ~ "++++" 为细胞的对数增长期（或称为指数增长期）。

（4）维持期。当细胞形成良好单层后，细胞的生长和分裂都会减缓，同时，细胞还会逐渐停止生长，这样的现象叫作细胞生长的接触抑制。这个时候，细胞界限会慢慢变得模糊，细胞内颗粒会慢慢变多，透明度也会降低，立体感较差。因代谢产物的不断积累，维持液会逐渐变酸。此时培养液会呈现橙色或者是黄色。

（5）衰退期。因溶液中营养的减少、日龄的增长以及代谢产物的累积等因素，会导致细胞间出现全隙，细胞中颗粒进一步增多，透明度更低，立体感很差。若将细胞经固定染色处理后，可见细胞中有较多的脂肪滴及液泡。最后，细胞皱缩，逐渐死亡，从瓶壁上脱落下来。

活细胞对台盼蓝拒染，但台盼蓝染液可以特异性地使死细胞染色（蓝色），我们可以用此方法来分辨死活细胞。

【培养细胞分型】

培养细胞依据其在支持物上生长的特性和描述的方便，可分为贴附型和悬浮型两类。

1. 贴附型

大部分的培养细胞会呈贴附生长，被称作是贴壁依赖性细胞。根据细胞的形态可将其分为以下 4 型。

（1）成纤维细胞型。胞体呈梭形或不规则三角形，中央有卵圆形核，胞质向外凸起，细胞生长时呈放射状、火焰状或旋涡状形态。由中胚层间充质起源的组织，如心肌、平滑肌、血管内皮及成骨细胞等常呈本型形态。

（2）上皮细胞型。上皮细胞呈扁平状，是一种不规则的多角形，中间有圆形核。细胞和细胞之间紧密连成单层膜，在生长过程中呈膜状移动。在上皮膜边缘位置的细胞与膜相连，通常不会脱离细胞群单独活动。

（3）游走细胞型。本型细胞在支持物上分散生长，通常不会连接成片，细胞质会时常伸出伪足或者是凸起，会活跃地游走或者是进行变形运动，速度很快，且运动方向是不规则的。这种细胞具有不稳定性，因此难以和其他细胞进行区分。

（4）多形细胞型。有一些组织和细胞，如神经组织的细胞等，难以确定其规律和稳定的形态，可统归于此型。

2. 悬浮型

悬浮型为特殊的细胞，如某些型的癌细胞和白血病细胞。这些细胞的胞体为圆形，适于繁殖大量细胞。

【培养细胞的细胞生物学检测】

培养细胞生长面形态上单一的细胞系（株）后，需做一系列细胞生物学测定以了解其细胞性状。为此，可参考恶性肿瘤连续性细胞系（株）建立系（株）标准。现着重介绍以下几个方面。

1. 形态学方面

（1）一般形态观察。

一般的形态观察可以用相差显微镜进行观察，观察活细胞的形态、脑浆和膜。生长状态良好的细胞，透明度大，细胞内颗粒少，没有空泡，胞膜清晰。培养上清液清澈透明，看不到悬浮细胞和碎片。细胞功能不良时，胞质常出现空泡、脂滴和其他颗粒状物，细胞之间空隙大，细胞形态可变得不规则甚至失去原有特点。只有状态良好的细胞才能用于实验。一般细胞接种或传代后，每天或至多间隔 1 ～ 2 d，应观察细胞形态、细胞生长、培养液 pH 和污染与否等，随时了解细胞的动态变化，从而方便进行换液以及传代处理。

如果有异常情况发生，要及时采取措施。

　　培养液在正常情况下会呈现出桃红色，用一般温箱进行培养时，随细胞生长时间的延长，CO_2 积累增多。因培养基内存在 pH 指示剂，所以可以通过颜色间接了解细胞的生长状态。呈橙黄色时，说明细胞的生长状态往往是比较好的；呈淡黄色则培养时间过长，营养不足，死亡细胞过多；呈紫红色则可能是细胞生长状态不好，或已死亡。也常用 Giemsa 染色观察。

　　（2）超微结构观察。

　　超微结构观察有助于确切地说明细胞的性质和特点。

　　2. 生长情况

　　（1）分裂指数。

　　细胞分裂指数即每百个细胞中的分裂相数，用以表示细胞增殖旺盛程度。一般要观察和计算 1 000 个细胞中细胞分裂相数，或制成曲线。

　　（2）生长曲线。

　　为测定细胞绝对增长数值的简易方法。接种 10^4 细胞后，每天抽一组（至少随机取样 3 瓶），将营养液倒入刻度试管中，记下毫升量，用胰蛋白酶和 EDTA 消化数分钟至细胞接近离壁前吸出。把营养液注回瓶中吹打，让细胞从瓶壁全部脱落，制成悬液，计数。根据每天检查的数值进行生长曲线的绘制。通过生长曲线，可以测知细胞的倍增时间。

　　（3）集落形成率。

　　集落形成率的计算式为：

$$集落形成率 = 生成的集落数 + 每个培养瓶接种的细胞数$$

集落形成率大的细胞群，独立生存的能力强。

　　（4）半固体培养中的集落形成率。

　　使细胞在半固体琼脂中增殖形成集落，常用双层软琼脂培养法。平皿中由 0.5% 琼脂铺底，细胞在上面的 0.3% 的琼脂层中悬浮生长，是当前检测转化细胞和肿瘤细胞常用的方法，与细胞恶性程度有很高的符合率，具体方法如下：

　　①制备 0.1% 和 0.6 % 两个浓度的低熔点琼脂糖液，高压灭菌后，维持在 37 ℃ 水浴中。

　　②制备 2 倍培养基（MEM，RPMI1640 等），其中含 2 倍抗生素和 20% 小牛血清，保持在 37 ℃ 水浴中。

　　③制备底层时，按 1：1 比例混合 0.6% 琼脂糖和 2 倍培养液再加入 0.2 mL 的细胞悬液，充分混匀后注入直径 6 cm 的培养瓶中（10 cm 培养瓶则加 7 ～ 10 mL）使之冷却凝固，

置 CO_2 温箱中备用。

④用营养液将消化细胞制成细胞悬液，计数。

⑤制备顶层时，按 $1:1$ 比例混匀后注入已铺好的底层上，制成双琼脂层。待上层琼脂凝固后，置入 37 ℃ CO_2 孵箱中，培养 $10 \sim 14\, d$。

⑥观察细胞集落。

【思考题】

（1）简述细胞传代培养的操作及注意事项。

（2）简述体外培养细胞的形态特征及其生长阶段。

实验 30　动物细胞的冻存、复苏与运输

【实验目的】

（1）了解冷冻保存细胞的原理和意义。

（2）掌握冻存细胞和复苏细胞的方法，观察复苏细胞的成活情况。

【实验原理】

培养细胞维持传代以用于实验当中，而在此过程中经常会遇到一些困难。第一，在传代中，细胞株的性质容易发生改变；第二，会有支原体污染的危险；第三，对有限增殖细胞株，传代应维持限内期间传代。要想解决这些问题，就应采取细胞冻存的方法。

如果不加保护条件，直接对细胞进行冻存，细胞内环和外环境的水就会形成冰晶，从而使细胞内发生机械损伤、渗透压改变、电解质浓度升高、脱水、pH 改变、蛋白质变性等一系列变化，进而导致细胞死亡。但是假如往培养基中加入保护剂甘油或者是甲基亚砜（DMSO），就会使冰点降低，在缓慢的冻结条件下，能使细胞内水分在冻结前透出细胞外。储存在 -130 ℃ 以下低温中能减少冰晶的形成。解冻细胞时，速度要快，使之迅速通过细胞最易受损的 $-5 \sim 0$ ℃ 后，细胞仍能生长，活力不受任何损害。当前使用的保护剂 DMSO 和甘油对细胞无毒性、分子质量小、溶解度大、易穿透细胞，使用比例范围在 $5\% \sim 15\%$，常用 10%。

为了提高细胞的存活率，通常会采用慢冻快融的方法。标准的冷冻速度为 −2 ～ −1 ℃/min。当温度达 −25 ℃ 时，下降率可增至 −10 ～ −5 ℃/min 到 −100 ℃ 时则可迅速浸入液氮中。要对下降速度进行适当把控，如果速度过快，就会使细胞内的水分透出来，如果速度过慢，又会导致形成水冰晶。不过，所有的细胞对于冻结速度的要求都是一样的。上皮细胞和成纤维细胞的耐受性能大些；骨髓干细胞 −3 ～ −1 ℃/min 合适；胚胎细胞耐性较小。总之，在一开始时下降速度不能超过 −10 ℃/min。另外用什么保护剂合适和用量多大，要依细胞而定，初代培养用 DMSO 较好，一般细胞可以使用甘油。用量要少，有人认为人皮肤上皮细胞储存在 20% ～ 30% 的甘油中较好。原则上细胞在液氮中可储存多年，但为妥善起见，冻存一年后，要进行一次复苏培养，再继续冻存。

在各种各样的冰冻剂中，液氮这种冷冻剂是最为理想的，它的沸点为 −196 ℃。在此温度下，既无化学变化也无物理变化发生，对标本的 pH 无影响，气化时又不留沉淀，因此广为采用。在使用过程中，常将液氮储存于特制的容器中，细胞冻存于液氮之中。

本实验的保护剂从甘油和二甲基亚砜（DMSO）中任选其一。基于慢冻快融的原则，掌握冻存细胞和解冻细胞的技术。

【实验用品】

1. 器材

细胞培养箱、电热恒温箱、高压消毒锅、离心机、冰箱、无菌室或超净工作台、液氮冻存保存罐，培养瓶 3 ～ 6 只，离心管 10 支，试管 2 支，吸管 10 支，滴管，5 mL、10 mL 移液管各若干支，血球计数板 1 块、污物缸、橡皮塞、pH 试纸、消毒药棉等（高压或高温灭菌备用）2 mL 用安瓿瓶、喷灯或酒精灯 1 个、线绳和标记用小牌若干、纱布小袋 5 个、带盖搪瓷罐 1 个。

2. 试剂

RPMI1640 培养基，5%NaHCO$_3$，小牛血清，青霉素、链霉素，Hanks 液，D− Hank 液，0.25% 胰蛋白酶液，0.02%EDTA− Na$_2$ 液，70% 乙醇，1 mol/L HCL，台盼蓝染色液，甘油（或 DMSO）。

3. 材料

冻存细胞，形成单层的细胞株（系）数瓶（证明无支原体污染）。

【实验方法】

1. 细胞冻存

（1）细胞冻存的步骤。

①选择细胞形态良好，单层致密理想的传代细胞，在冻存前一天，用含 2%～3% 的培养基更换培养液。

②配冻存液，完全培养液中甘油为 9：1，调 pH 至 6.8～7.0。

③按常规方法把培养细胞制备成悬液，计数，令细胞达 5×10^6 个 /mL 左右密度（如一瓶细胞数量不足则用两瓶或两瓶以上细胞），离心（1 000 r/min，3～5 min），去上清液。

④取冻存液，按与所去上清液相同的量一滴一滴地加入离心管中，然后用吸管轻轻吹洗令细胞重新悬浮。

⑤分装入若干个无菌安瓿瓶口。每瓶加 1.5 mL 悬浊液。

⑥用火焰封死安瓿瓶口，仔细检查，一定要封严，必要时可浸入蓝色液中观察。

⑦为安全起见，把安瓿瓶缝入三层纱布口袋中，并系以线绳，末端扎有小牌，注明细胞名称和冻存日期，以便日后查找。

⑧把装有细胞的冻存管置于 4 ℃ 冰箱过夜，次日放于 –20 ℃ 冰箱，再次冷适应后将其置于液氮罐口，以每分钟 1 ℃ 的速度，在 30～40 min 内，下降到液氮表面，再停 30 min 后，降入液氮内。

（2）注意事项。

①操作时应戴保护眼镜和手套，以免液氮冻伤。

②装细胞除用安瓿瓶外，亦可用特制塑料螺口小瓶，优点是浸入液后，不爆炸伤人，但用时要注意扭紧螺帽。

③向液氮储存罐注入液氮时，要用纸或 X 线底片制喇叭筒引导液氮直达瓶底避免接触液氮罐颈部，否则由于温差太大易引起该部焊接处断裂。

④当细胞储存过多时，系线常互缠绕，拿取很不方便，可用纸板塑料板制一个有很多小豁口的领圈套在液罐颈部，下垂线绳用胶圈固定在瓶体，取细胞时较为方便。

2. 细胞复苏

（1）从罐中取出安瓿瓶。有时因安瓿瓶未封严，取出后安瓿瓶内的液体迅速气化可发生爆炸（爆炸力有限），因此应戴上手套和防护眼镜。

（2）迅速放入盛满 36～37 ℃ 水的搪瓷罐中，盖后不时摇动，使其尽快融化。

（3）剪开纱布口袋，取出安瓿瓶，用 70% 乙醇擦拭消毒后，折断颈部，用吸管吸出悬浊液，注入离心管中，再加 10 mL 培养液（滴加）。

（4）低速离心（500 ～ 1 000 r/min）5 min，去上清液后再重复用培养液洗一次。

（5）用培养液适当稀释后，装入培养瓶 37 ℃ 静止培养，并取少量细胞悬浊液做细胞计数，以计算冻存细胞存活率。

（6）待细胞贴壁后（4 ～ 6 h），换液再培养，次日更换一次培养液后，继续培养。观察冻存细胞生长情况，当细胞汇合后传代，以后仍按常规培养。

3. 细胞的运输

目前的培养细胞不仅可以在国内购买、交换和寄赠，还可以用于国际上的交流，需要注意的是细胞装运的方法，当前主要有两种装运细胞的方法。第一种方法：液氮或者是干冰储存运输，要用到特殊的容器，这样的保存效果才会更好，不过保存起来会比较麻烦，而且干冰及液氮蒸发的速度也比较快，不适合长时间进行运输，比较适合空运。第二种方法：充液法，这种方法更加简单，容易操作。具体步骤如下：

（1）生长状况良好的细胞，待接近或刚刚连成片后，去掉培养液，充满新培养液，液量要达到培养瓶颈部，拧紧螺帽或塞以胶塞，保留微量空气（空气流量过多，运输时大气泡来回流动对细胞有干扰作用）。

（2）妥善包装和运输通常一般在四五天内到达目的地，对细胞活力无多大影响，时间过长，则细胞活力下降。

（3）到达目的地后，倒出大部分培养液，保留维持细胞生长所需液量，置 37 ℃ 培养，次日传代。

【思考题】

（1）说明用液氮作冷冻剂的原因。

（2）简述冻存原理及操作中的注意事项。

第 6 章　染色体的观察

实验 31　姐妹染色单体交换

【实验目的】

熟悉姐妹染色单体交换的基本原理，熟悉姐妹染色单体交换的制备方法及观察。

【实验用品】

1. 材料

人体外周血、姐妹染色单体交换玻片标本。

2. 器材

超净工作台、离心机、恒温水浴箱、恒温箱；5 mL 刻度离心管、吸管、30 mL 圆形培养瓶、注射器；解剖器、载玻片、培养皿、试管架、30 W 紫外线灯、吸水纸、黑纸等。

3. 试剂

RPM11640、Brdu、肝素液、小牛血清、植物血凝素、青霉素、链霉素、秋水仙素、无水乙醇、乙醚、香柏油、甲醇、冰乙酸、氯化钾、氯化钠、枸橼酸钠、Giemsa 染液、NaH_2PO_4。

【实验原理】

姐妹染色单体交换（sister chromatid exchange，SCE）是指一染色体的两条姐妹染色单体之间同源片段的交换。它是表示染色体复制过程中 DNA 双链的等位点交换。因此，它能敏感地显示 DNA 的损伤。

在 DNA 复制过程中，5－溴脱氧尿嘧啶核苷（5－ Bromedeoxy－Uridine，Brdu）能

作为核甘酸前体掺入新合成的 DNA 中，取代胸腺嘧啶核苷（TdR）的位置。细胞在含有 Brdu 的培养基中经历两个细胞周期之后，其两条姐妹染色单体的 DNA 双链在化学组成上就有了差别。第一次分裂时，其中期染色体的两条姐妹染色单体的 DNA 链，一条是原来的老链，另一条是含有 Brdu 的新链，它们在染色时，两条姐妹染色单体着色相同。当细胞进行第二次分裂时，中期染色体的两条姐妹染色单体：一条单体的 DNA 双链只有一股含有 Brdu，另一股则是原来的老链；另一条单体则是双股都含有 Brdu。这种双股都含有 Brdu 的 DNA 链组成的染色单体，螺旋化程度较低，在热盐溶液中受光的照射后更易于水解，因而这条染色单体对 Giemsa 染料的亲和力降低。故用 Gicmsa 染液染色时，可清楚看到双股都含有 Brdu 的 DNA 链所组成的单体着色浅，而只单股含 Brdu 的 DNA 链所组成的单体着色较深。这样，就能观察到两条明暗不同的染色单体，可利用这一姐妹染色单体分化染色技术，检查细胞中姐妹染色单体交换的情况（图 6-1）。

姐妹染色单体分化染色法为研究染色体半保留复制、染色体的分子结构与畸变以及 DNA 复制、DNA 损伤修复及癌变研究等提供了有效的手段。

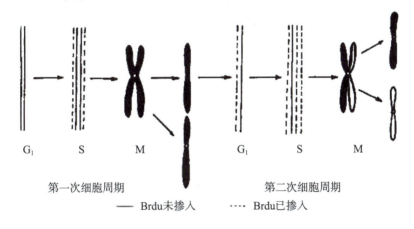

图 6-1　姐妹染色单体分化染色原理

【实验方法】

1. 细胞培养和制片

（1）培养液的配制分装及无菌操作技术与人类染色体标本制备相同。

（2）血细胞培养：按常规采血、接种，进行外周血淋巴细胞培养。在培养 24 h 后按无菌操作加入 Brdu，其最终质量浓度为 10 μg/mL 培养液。置黑暗处（将培养瓶用黑纸、黑布包裹或放在特制黑色木盒中）。继续培养 48 h。终止培养前 2 h 加入秋水仙素，其最

终质量浓度 0.8 μg/mL 培液。

（3）制片：按染色体标本制备方法收获细胞及制片。

2. 后处理（分化染色）

方法一，紫外线照射法：

染色体标本在 37 ℃ 至少干燥 24 h，将标本置培养皿中，上盖擦镜纸，滴加适量 2×SSC 溶液后，置 60 ℃ 恒温水浴箱温育，同时用 30 W 紫外灯垂直照射 15 ～ 20 min，照射距离 6 cm，照射完毕用自来水冲洗玻片，常规 Giemsa 染色 5 ～ 8 min，再用自来水冲洗，室温下干燥。

方法二，热盐溶液处理：

将已制作好的标本置 37 ℃ 温箱中干燥 24 h，取出后放入预热至 85 ～ 89 ℃ 的 1 mol/L NaH_2PO_4 溶液中（用前以 1 mol/L NaOH 将 pH 调至 8.0）处理 15 min，取出后，用蒸馏水轻轻漂洗 2 ～ 3 次，晾干，用 Giemsa 染液染色 5 ～ 10 min，自来水冲洗，室温下干燥。

【注意事项】

（1）要想通过上述方法获得成功，就要满足一些基本的条件：要制得高质量的染色体标本，尤其是要拥有足够数量的第二代分裂细胞，染色体分散好，铺展平，要将胞浆除尽。

（2）用方法一作处理时，紫外线照射期间标本上的 2×SSC 溶液不能完全蒸干，否则影响效果。

（3）用方法二作处理时，标本温育时间与老化时间的长短有关。老化时间越长，温育时间也要延长。玻片要特别干净，否则在热溶液中处理会出现细胞脱落现象。

（4）Brdu 可在开始培养时加入，亦可培养 24 h 后加入。Brdu 是一种强突变剂，使用剂量不宜太高，否则会产生细胞毒性，一般采用 5 μg/mL、10 μg/mL 及 20 μg/mL。

【实验结果】

选择 Brdu 掺入后第二个细胞周期，染色体分散良好，姐妹染色单体分色清晰，含有 46 条染色体的中期分裂相。可以看到两条姐妹染色单体着色显著不同，一条染色深，一条染色浅，并能看到有的姐妹染色单体发生了交换。在统计时，如交换发生在染色体端部，则算为一次交换，如交换片段发生在染色体中部则计为两次交换。在计数 30 个以上中期分裂相的 SCE 以后，计算每个细胞的 SCE 平均值（SCE 数 / 细胞数），即为该个体的 SCE 频率。如被检查者有某种疾病，或经常接触有害物质，或采用正常人的血液，但在培养过程中加入了诱变剂，则交换频率会大大增加。

【思考题】

（1）SCE 的原理是什么？

（2）SCE 有何意义？

附录　试剂配制

（1）500 μg/mL Brdu 液：用万分之一的分析天平称取 Brdu 粉末 2 mg，置干净无菌的青霉素瓶中，按无菌操作加入无菌生理盐水 4 mL（其质量浓度为 500 μg/mL），用黑纸包好避光，置 4 ℃ 冰箱保存备用。

（2）2×SSC 溶液：称取 17.54 g 氯化钠、8.82 g 枸橼酸钠，用蒸馏水溶解后，加蒸馏水至 1 000 mL，保存备用。

实验 32　小白鼠骨髓细胞染色体的制备及实验动物核型观察

【实验目的】

初步掌握骨髓细胞染色体标本常规制作和观察的方法。观察几种实验动物染色体核型。

【实验用品】

1. 材料

小白鼠（*Mus musculus*）、大白鼠（*Rattus norvegicus domestica*）、家兔（*Oryctolagus cuniculus domesticus*）、中华大蟾蜍（*Bufo gargarizans*）。

2. 器材

显微镜、离心机、天平、解剖器械、注射器及 5 号针头、离心管、染色缸、预冷载

玻片、酒精灯、记号笔、恒温水浴箱或温箱。

3. 试剂

秋水仙素（200 μg/mL）、低渗液（0.075 mol/L KCl）、固定液（甲醇：冰乙酸＝3∶1，现用现配）、姬姆萨（Giemsa）染液。

【实验原理】

在动物体内注入适量秋水仙素溶液，对分裂细胞纺锤体的形成进行抑制，可以积累很多处于分裂中期相的骨髓细胞。

从骨髓细胞中进行材料的提取，不仅数量多，且分裂十分活跃，它的染色体标本制片可以直接从骨髓中进行细胞的提取，再经空气干燥制片。

【实验方法】

1. 小白鼠骨髓细胞染色体制备及观察

（1）秋水仙素处理：取健康小鼠，在实验前5～6 h腹腔注射秋水仙素（4 μg/g体重）。

（2）取材：用颈椎脱臼断髓法处死小鼠。剪开后肢大腿上的皮肤和肌肉，剥除肌肉，从膝关节至髂关节处分离下股骨。用卫生纸擦净骨上残余的肌肉和血液。

（3）收集细胞：在股骨两端剪去少量骨质（约2 mm，不可多剪，以防骨髓细胞过多损失），暴露骨髓腔。以镊子夹住股骨中部，用注射器吸取2～3 mL预温37 ℃的低渗液，将针头从股骨一端插入骨髓腔，缓缓冲洗腔内骨髓至离心管中，直至骨骼发白为止。

（4）低渗处理：加入预温37 ℃的低渗液至4 mL，用吸管反复吹打，以使细胞均匀分散并与低渗液充分接触。吹打后，置37 ℃恒温水浴箱或温箱中低渗处理30 min。

（5）预固定：取出离心管，加入1 mL新配制的固定液，用吸管轻轻吹打混匀，离心10 min（800～1 000 r/min）。弃上清液，留沉淀物0.2～0.3 mL。

（6）固定：加入新鲜固定液5 mL，用吸管将沉淀物轻轻吹匀悬浮，室温放置30 min。离心10 min。

（7）再固定：方法同固定，课时有限时可省略。

（8）制备细胞悬液：弃上清液，留下沉淀物，加入新鲜固定液至0.2～0.5 mL（视细胞多少而定），混匀后即为细胞悬液。

（9）滴片：用吸管吸取细胞悬液，从离载玻片（冰片）20～30 cm的高度处滴下，每片滴2～3滴（不要重叠），然后顺玻片斜面用口轻轻吹散，立即在酒精灯火焰上烤干或晾干。

（10）染色：把干燥的制片插入装有 10% Giemsa 染液的染缸内，染色 10 ～ 15 min 后取出，流水缓缓冲洗玻片，晾干，镜检。

（11）观察：用低倍镜找到分裂较多的区域，转高倍镜选分散适中、不重叠的中期分裂相后再换油镜仔细观察其形态特征。

（12）分片计数法进行染色体计数：为避免重复和遗漏，在计数前先按该细胞的染色体自然分布状态，大致划分为几个区域，然后按顺序数出各区染色体的实际数目，最后加在一起即为该细胞染色体数目。

2. 实验动物染色体核型的观察

（1）家兔正常体细胞核型：$2n = 44$，其雄性染色体为 XY、雌性为 XX。油镜下可见三种类型的染色体：中央、亚中和近端着丝粒染色体。按照染色体之大小、着丝粒的位置，可将染色体分为五组（图 6-2、图 6-3）。

图 6-2　家兔体细胞中期分裂相

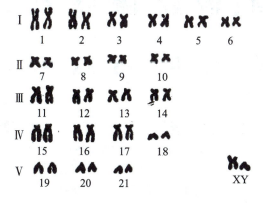

图 6-3　家兔体细胞核型

（2）大白鼠正常体细胞核型：$2n = 42$，雄性为 XY 型，雌性为 XX 型。油镜下染色体形态也分为中央、亚中、近端着丝粒三种类型，可分为四组（表 6-1、图 6-4、图 6-5）。

表 6-1　大白鼠染色体核型分析

组号	染色体号	形态大小	着丝粒位置
A组	1～2	最大	1号亚中、2号近端
B组	3～10+X	较大	3号亚中、余为近端，X在 4～5 之间
C组	11～18	中等	12、14、18亚中、余为中央
D组	19～20+Y	最小	中央、Y排在 19号之前

图 6-4　大白鼠体细胞中期分裂相

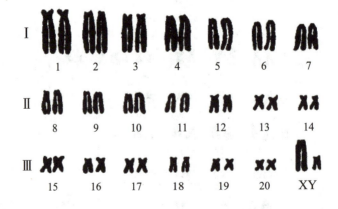

图 6-5　大白鼠体细胞核型

（3）中华大蟾蜍正常体细胞核型：$2n = 22$，由中央着丝粒染色体、亚中着丝粒染色体组成。可将染色体分为 4 组（表 6-2、图 6-6、图 6-7）。

表 6-2　中华大蟾蜍染色体核型分析

组号	染色体号	形态大小	着丝粒位置
A组	1～2	最大	中央
B组	3～6	较大	3、4为亚中；5、6为中央，6号长臂端部有随体
C组	7～10	较小	亚中
D组	11	最小	中央

注：第 10 对同型染色体为 ZZ/ZW 型性染色体，用特殊染色法才可显示。

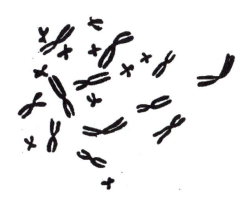

图 6-6　中华大蟾蜍体细胞中期分裂相

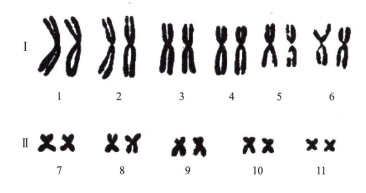

图 6-7　中华大蟾蜍体细胞核型

【思考题】

小白鼠、家兔、大白鼠、中华大蟾蜍染色体形态有何不同？

实验 33　外周血淋巴细胞和癌细胞染色体标本的制备

【实验目的】

初步掌握人体外周血淋巴细胞染色体标本常规制作的方法和过程，了解人体外周血淋巴细胞培养的基本原理，了解人癌细胞染色体及其变异。

【实验用品】

1. 材料

人体静脉血、ECA109 细胞。

2. 器材

超净工作台、恒温培养箱、离心机、架盘天平、圆形细胞培养瓶、5 mL 注射器、采血针头、5 mL 刻度离心管、止血带、消毒棉签、试管架、预冷载玻片、吸管、量筒、酒精灯、吸水纸、擦镜纸。

3. 试剂

RPMI1640 或 TC199 培养液，小牛血清，植物凝集素（PHA），秋水仙素（100 μg/mL），青霉素，链霉素，0.2% 肝素，0.075 mol/L 氯化钾低渗液，Carnoy 固定液（甲醇∶冰乙酸 ＝ 3∶1，现用现配），10% Giemsa 染液，2.5% 碘液，75% 乙醇。

【实验原理】

在体内外，人外周血淋巴细胞通常是不分裂的，但如果培养条件适宜，且受到植物凝集素（phytohe-magglutinin，PHA）刺激后，会使处于 G_0 期的淋巴细胞转变成淋巴母细胞，从而重获有丝分裂的能力。

目前大多数癌症都建立了相应的细胞株或细胞系，体外培养的癌细胞多属于连续的周期细胞，可以用来制备染色体。国内外制备动物和人类染色体的常规方法是空气干燥法，通过微量人体外周血淋巴细胞和 ECA109 细胞短期培养，能够得到很多细胞分裂相。再适量加入秋水仙素，对微管组装进行干扰，对纺锤丝的形成进行抑制，从而使分裂细胞在中期停止，进行中期分裂相大量的积累。这种操作方法非常简单，是在科研以及临床中经常会用到的一种获得有丝分裂相及制备染色体标本的方法。

外周血淋巴细胞染色体标本的制备

【实验方法】

1. 淋巴细胞的培养

（1）培养前的准备。培养过程中的必需用品的清洗灭菌、培养液及药品配制方法详见本实验附录。

（2）采血。吸入少量的肝素，润湿针筒后推弃，然后再用无菌法去抽取静脉血：将培养细胞的必需品放在超净工作台内，操作之前用紫外线进行消毒，消毒时间控制在20～30 min。为了防止出现污染的情况，在操作之前要用肥皂洗手，再用75% 乙醇去擦拭。如果是在无菌室工作，还要穿上消毒隔离衣帽，佩戴好口罩。要用无菌棉签蘸75% 乙醇给献血者的手臂皮肤消毒两次，缚止血带、静脉取血1～2 mL 至针筒内摇匀，即为抗凝血。

（3）培养。在无菌条件下将抗凝血0.3～0.4 mL（7号针头13～15滴）加入培养瓶内，摇匀，置于37 ℃恒温培养箱中培养72 h。每隔24 h 摇匀培养瓶中的细胞一次。

2. 制片

（1）秋水仙素处理。在培养结束前的2～4 h内，向培养瓶中加入秋水仙素，获得质量浓度为0.2 μg /mL 的培养液。将培养液轻轻摇匀，再放到培养箱中培养2～4 h。

（2）收集细胞。细胞培养72 h 以后将培养瓶取出，用吸管将细胞悬液搅匀，分别吸入刻度离心管中，平衡后离心8 min（1 000 r/min）。

（3）低渗处理。吸弃上清液，加入预温至37 ℃的低渗液（浓度为0.075 mol/L 的KCl）4 mL；用吸管吹散、打匀，使沉淀细胞与低渗液充分混匀；置37 ℃温箱中25～30 min。

（4）预固定。低渗后立即加入新配制的固定液1 mL，用吸管混匀。然后，离心（1 000 r/min）10 min。弃上清液，留下沉淀物。

（5）固定。用吸管吸取固定液，沿离心管壁缓缓加入，直至4 mL，并反复吹打均匀，室温下静置固定30 min 后离心（1 000 r/min）10 min。吸弃上清液。

（6）再固定。重复上步骤，也可酌情延长或省略。

（7）制成细胞悬液。吸弃上清液，基于沉淀细胞的数量，加入适量的新鲜固定液至0.3～0.5 mL。再用吸管通过轻缓吹吸混匀的方式得到细胞悬液。

（8）滴片。从冰箱中取出预冷的湿载玻片，用吸管吸取细胞悬液，向载玻片上滴 2～3 滴，在此过程中，吸管的高度要在载片的正上方，距离控制在 20 cm 左右，或者更高，这样更加有助于染色体的铺展。然后快速用酒精灯进行远火烘干，也可以进行室温晾干。

（9）染色。在滴有细胞的载玻片面上做一标记（用记号笔），在染缸中（盛 10% Giemsa 染液）染色 10～15 min。取出载片，用流水冲洗去玻片上的染液。晾干或烘干后镜检。

3. 镜检

用低倍镜观察，可看到很多紫色及蓝紫色的小点。用高倍镜观察这些小点，发现这些小点是圆形的间期细胞核。移动推进器，再次寻找散在分布的中期分裂相，确定一个染色体分散较好（不重叠或重叠较少）的中期分裂相观察后再换油镜分析观察：$2n =$？能否判断出该细胞的性别，为什么？

癌细胞染色体标本的制备

【实验方法】

（1）收集生长旺盛的细胞，吹打散，加入秋水仙素使终质量浓度达到 1 μg/mL 进行预处理；

（2）经预处理 6～8 h 后，以 800 r/min 离心 5 min，去上清液；

（3）加入 0.5 mL 0.075 mol/L KCl 溶液，轻轻吹打，使细胞重悬，然后补加 3.5 mL KCl 溶液，室温下低渗 15 min；

（4）加入 3～4 滴 Carnoy 固定液后 800 r/min 离心 5 min，去上清液；

（5）沿管壁慢慢加入 3 mL 固定液，2 min 后用吸管轻轻的吹打，使细胞分散，固定 5 min 后，800 r/min 离心 5 min，去上清液；重复此步骤 1 次；

（6）去上清液后剩 0.2～0.5 mL 固定液，用吸管吹打使其成为细胞悬液；

（7）吸取细胞悬液滴于冰冷的载玻片上（经 80% 乙醇浸泡，0～4 ℃ 冰箱冷藏），吹散，过火 5 s 左右；

（8）吹干，置于装有 Giemsa 染液的染色缸内，染色 20 min，水洗后吹干，镜检。

【思考题】

（1）在外周血培养及染色体制片过程中加入 PHA、秋水仙素及 0.075 mol/L 氯化钾液的作用是什么？

（2）请简述为避免污染应该采取的措施。

（3）比较外周血淋巴细胞和癌细胞染色体标本的区别

附录

因培养的细胞需要在无菌、无毒的环境中才能生长，所以对实验用具的清洁和灭菌是保证实验成功的首要条件。

一、用具的清洗

（一）玻璃器皿

在肥皂粉水中煮沸 30 min，趁热洗刷内、外。流水冲洗 10 min，烘干。浸入清洗液中 8～14 h，取出后以流水充分冲洗（20 min），再以蒸馏水冲洗 3 次。烘干后以消毒布包装，高压灭菌（10 磅 20 min 或 160 ℃ 干热灭菌 2 h）。

（二）载玻片

载玻片要用肥皂粉水煮沸约 20 min，趁热洗刷后用流水进行冲洗，然后烘干。一片一片地将其放入至清洗液中，24 h 后将载玻片取出放入盆中用流水进行冲洗，最后用蒸馏水冲洗，放置蒸馏水中备用。

（三）橡胶类制品

先用清水洗刷，再用肥皂粉水煮沸 30 min。经清水充分洗洁后再用三蒸水洗 3 次，烘干待用。

二、培养基和试剂的配制

（一）1640 培养液

RPMI1640 粉末 1.04 g 溶于 100 mL 的三蒸水中（充分溶解），再加入 25 mL 小牛血清（先于 56 ℃ 水浴箱灭活 20 min），加入 10% 的 PHA1.8 mL。

在配好的培养液中还应加入双抗（青霉素、链霉素）100 单位 /1 mL 培养液。用 7.4%NaHCO$_3$ 溶液调 pH 为 7.2～7.4。再以 G6 细菌漏斗抽滤除菌或以孔径为 0.22 μm 的微孔滤膜过滤，然后按每培养瓶 5 mL 分装，冰冻保存备用。

（二）0.2% 肝素

称量 0.2 g 肝素粉末，溶于 100 mL0.85% 的 NaCl 溶液中，高压灭菌 [8 磅（3 632 g）、15 min]。

（三）100 μg /mL 秋水仙素

称量秋水仙素粉末 0.01 g，溶于 100 mL 的 0.85% 的 NaCl 溶液。

（四）10%Giemsa 染液

Giemsa 原液：称量 Giemsa 粉末 1 g，溶于 66 mL 甘油（60 ℃），研磨溶解，再加入 66 mL 甲醇液混合即生成原液。

实验 34　人类染色体常规核型分析

【实验目的】

掌握正常人体细胞染色体数目及其形态特征，掌握人类染色体核型分析方法。

【实验用品】

1.材料

人类正常体细胞染色体的玻片标片、几种染色体病的玻片标本或照片。

2.器材

显微镜。

3.试剂

香柏油、无水乙醇、乙醚。

【实验方法】

1.人类正常体细胞染色体制片的观察

（1）染色体计数。用分片计数法，计数出人类正常体细胞染色体数目。

（2）染色体形态。观察每一条染色体的大小和着丝粒位置。标本中每条中期染色体都含有两条染色单体（chromatid），通过着丝粒（centromere）彼此相连。由着丝粒向两端伸展的是染色体的臂，长臂以 q 表示，短臂以 p 表示。根据着丝粒位置的不同，可将染色体分为三种类型：

①中着丝粒染色体（metacentricchromosome）：着丝粒位于染色体长轴的 1/2 ～ 5/8 处。

②亚中着丝粒染色体（submetacentric chromosome）：着丝粒位于染色体长轴的 5/8 ～ 7/8 处。

③近端着丝粒染色体（acrocentric chromosome）：着丝粒位于染色体长轴的 7/8 至末

端处。

2. 正常人核型分析

人的体细胞（somatic cell）中包含 46 条染色体，相互配成 23 对（图 6-8），其中 1～22 对是男女共有的，称为常染色体（autosoma）。X 和 Y 染色体与性别有关，称为性染色体（sex chromosome）。男性核型为 46，XY；女性核型为 46，XX。依染色体大小和着丝粒位置，分成 A、B、C、D、E、F、G 七组（Denver 体制）（表 6-3）。

A 组：1～3 号染色体。第一号最大，为中着丝粒染色体；第二号为最大的亚中着丝粒染色体；第三号略小，是第二个最大的中着丝粒染色体。

B 组：4～5 号染色体。均为亚中着丝粒染色体，短臂较短。

C 组：6～12 号和 X 染色体。均为中等大小的亚中着丝粒染色体，这组染色体较难区分，可根据一些特殊特征来鉴别。如 6、7、8、11 号染色体短臂较长，而 9、10、12 号染色体短臂较短。X 染色体的大小介于 7 与 8 号染色体之间。

D 组：13～15 号染色体。中等大小，均为最大的近端着丝粒染色体，短臂末端可见到随体，彼此之间不易区分。

F 组：19～20 号染色体。体积小，均为中着丝粒染色体。

G 组：21～22 号和 Y 染色体。体积最小的近端着丝粒染色体。21、22 号染色体长臂常呈二分叉状；Y 染色体为该组较大者，长臂的两条单体常平行伸展。可根据该组最小近端着丝粒染色体的数目鉴定性别。女性具有 4 条最小的近端着丝粒染色体（21、22 号）；男性具有 5 条最小的近端着丝粒染色体（21、22 号、Y 染色体）。

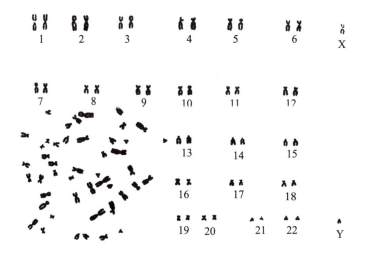

图 6-8　正常人类染色体核型分析图片

表 6-3　染色体分组

染色体 分组号	染色体号	形态大小	着丝粒位置	随体	次缢痕	鉴别要求
A	1～3	最大	近中部着丝粒	无	常见于1号	要求明确区分各号
B	4～5	次大	亚中部着丝粒	无		要求明确区分各号
C	6～12+X	中等	亚中部着丝粒	无	常见于9号	要求6、7、8、X不 与9、10、11、12相混
D	13～15	中等	近端着丝粒	有		要求不与其他组相混
E	16～18	较小	近中部着丝粒	无	常见16号	要求明确区分各号
F	19～20	次小	近中部着丝粒	无		要求不与其他组相混
G	21～22+Y	最小(但Y 有变异)	近端着丝粒	有(Y无)		要求21、22与Y相区分

3. 染色体畸变核型观察（示教）

（1）13 三体综合征。通常核型为 47，XX（XY）+13，又称 Patau 综合征。在新生儿中发生率为 1/20 000 ～ 1/10 000。

（2）18 三体综合征。通常核型为 47，XX（XY）+18，又称 Edwards 综合征。在新生儿中发生率为 1/8 000 ～ 1/3 500。

（3）21 三体综合征。通常核型为 47，XX（XY）+21，又叫先天愚型（Down's syndrome）。在新生儿中发生率是 1/800 ～ 1/600。

（4）性腺发育不全综合征。通常核型为 45，X，又称特纳综合征（Turner's syndrome）。在女性活婴中的发生率为 1/5 000。

（5）先天性睾丸发育不全综合征。通常核型为 47，XXY，又称克氏综合征（Klinefelter's syndrome）。在男性中发病率为 1/800 ～ 1/500。

（6）XYY 综合征。其核型为 47，XYY，又称超雄综合征。在男性群体中发生率是 1/2 000 ～ 1/1 000，通常是新发生的。行为异常，易冲动和好斗；轻度智力低下或低于家族成员中的智力。

【思考题】

（1）正常人体细胞有多少条染色体？分几种类型？

（2）什么叫核型？人体正常核型分几组？每组染色体有何特点？如何辨别男女核型？

🔬 实验 35　人类染色体 G 显带法及 G 带核型分析

【实验目的】

学习人类染色体 G 显带方法。学习 G 显带各号染色体的鉴别。

【实验用品】

1. 材料

人类外周血培养按常规法制作的染色体标本白片；正常人类染色体 G 显带图片。

2. 器材

恒温水浴箱、染色缸、镊子、吸管、量筒。

3. 试剂

用 0.85% NaCl 溶液配制的 0.025% 胰酶液、1 mol/L NaOH 溶液、磷酸盐缓冲液、Giemsa 原液、0.4% 酚红液。

【实验方法】

1. G 显带标本的制备

（1）外周血培养按常规法制作染色体标本，置 75 ～ 80 ℃ 烤箱中烘 2 ～ 3 h，待自然冷却至室温，放置 48 h 左右即可处理标本片。

（2）将 0.025% 胰酶液倒入染色缸中，加入 0.4% 酚红液 2 滴，并以 1 mol/L NaOH 调至 pH7.0 左右，使颜色变为橙色，混匀后，放入 37 ℃ 恒温水浴箱，使胰酶液温度升至 37 ℃。

（3）将玻片标本投入预温 37 ℃ 的 0.025% 胰酶溶液中轻轻摆动 3 min 左右。

（4）标本取出后立即投入用磷酸盐缓冲液配制的 10% 的 Giemsa 染色液中染色 20 min。

（5）自来水冲洗，空气干燥，镜检。

2. G 显带各号染色体的鉴别

按照巴黎会议规定，染色体长臂和短臂上染色深者称为深带，染色浅或未染色者称为浅带。在描述每一染色体上的带时，根据距离着丝粒的远近而使用臂的近侧段、中段、远侧段等名称。

A 组染色体：包括 1～3 号染色体，其长度最长，1 号和 3 号染色体的着丝粒约在 1/2 处，2 号染色体的着丝粒约在 3/8 处。

1 号染色体：着丝粒和次缢痕染色深。

p——近侧段和近中段各有一条深带，其近中段深带稍宽，在处理较好的标本上，远侧段可显示 2 条淡染的深带。

q——次缢痕紧贴着丝粒，染色浓。中段和远侧段各有 2 条深带，中段两条深带稍靠近，第 2 深带染色较浓。

2 号染色体：

p——可见 4 条深带，中段的两条深带稍靠近。

q——可见 6 条深带。

3 号染色体：

两臂近似对称，中段各有一条明显而宽的浅带，形似"蝴蝶"是该染色体的特征。

p——一般在近侧段可见 2 条深带，远侧段可见 3 条深带，近端部的一条较窄，着色较淡，这是区别 3 号染色体短臂的特征。

q——一般在近侧段和远侧段各有一条较宽的深带。

B 组染色体：包括 4、5 号染色体，长度次于 A 组，着丝粒约在 1/4 处。

4 号染色体：

p——可见一条深带。

q——可见均匀分布的 4 条深带，在处理较好的标本上，在第 2、第 3 深带之间还可显出一条较窄的深带。

5 号染色体：

p——可见一条深带。

q——中段可见 3 条深带，染色较浓，呈"黑腰"。远侧段可见 1～2 条深带，近末端的一条着色较浓。

C 组染色体：包括 6～12 号和 X 染色体，中等长度，6、7、11 号和 X 染色体着丝粒约在 3/8 处，其他号染色体的着丝粒约在 1/4 处。

6 号染色体：着丝粒染色浓。

p——近侧段和远侧段均为深带，中段有一条较宽的浅带。在处理较好的标本上，远侧段的深带可分为 2 条。

q——可见 5 条深带，近侧的一条紧贴着丝粒。远侧末端的一条深带窄而且着色较淡。

7 号染色体：着丝粒染色浓。

p——远侧近末端有一条深带着色浓且稍宽，似"瓶盖"。

q——有 3 条深带，远侧近末端的一条深带着色较淡。

8 号染色体：

p——在近侧段和远侧段各有一条深带，中段有一条较明显的浅带，这是与 10 号染色体相区别的主要特征。

q——近中段可见 2 ～ 3 条分界不明显的深带，远侧段有一条明显而染色浓的深带。

9 号染色体：着丝粒染色浓。

p——远侧段有 2 条深带，在有的标本上融合成一条深带。

q——可见 2 条明显的深带，次缢痕一般不着色，在有些标本上呈现出特有的"颈部区"。

12 号染色体：着丝粒染色浓。

p——中段可见一条深带。

q——近侧有一条深带紧贴着丝粒。近中段有一条宽的深带，这条深带与近侧深带之间有一条浅带，但与 11 号染色体比较，这条浅带较窄，这是鉴别 11 号与 12 号染色体的一个主要特征。

X 染色体：长度介于 7 号和 8 号染色体之间。

p——中段有一明显的深带，犹如"竹节状"。

q——可见 4 条深带，近侧段的一条最明显。

D 组染色体：包括 13 ～ 15 号染色体，具有近端着丝粒和随体。

13 号染色体：着丝粒和短臂染色浓。

q——可见 4 条深带，第 1 和第 4 深带较窄，染色较淡；第 2 和第 3 深带较宽，染色较浓。

14 号染色体：着丝粒和短臂染色浓。

q——近中段可见一条宽的深带，远侧段有一条窄的深带。在处理较好的标本上其近侧可显出一条深带。

15 号染色体：着丝粒和短臂染色浓。

q——近侧段可见 1～2 条淡染的深带，中段有一条明显的深带，染色较浓；远侧末端有 2 条窄的深带并封口。

E 组染色体：包括 16～18 号染色体。16 号染色体着丝粒位置变化较大，但一般近 1/2 处。17～18 号染色体着丝粒约在 1/4 处。

16 号染色体：着丝粒及次缢痕染色浓。

p——中段有一条深带。

q——有 2 条深带，远侧段的一条有时不明显。

17 号染色体：着丝粒染色浓。

P——中段有一条深带。

q——远侧段可见一条深带，这条深带与着丝粒之间为一明显而宽的浅带。

18 号染色体：

p——一般为浅带。

q——近侧和远侧各有一条明显的深带。

F 组染色体：包括 19 和 20 号染色体，着丝粒约在 1/2 处。

19 号染色体：着丝粒及其周围为深带，其余均为浅带。在有的标本上长臂近中段可显出一条着色极淡的深带。

20 号染色体：着丝粒染色浓。

p——有一条明显的深带。

q——在远侧段有一条染色淡的深带。

G 组染色体：包括 21 号、22 号和 Y 染色体，是人类染色体最小的具近端着丝粒染色体。21 号和 22 号染色体具有随体。

21 号染色体：着丝粒染色浓。比 22 号染色体短，其长臂靠近着丝粒处有一明显而宽的深带。

22 号染色体：着丝粒染色浓。比 21 号染色体长，在长臂上可见两条深带，近侧的一条着色浓且紧贴着丝粒，呈点状，近中段的一条染色淡，在有的标本上不显现。

Y 染色体：长度变化较大，变异可大到 18 号，甚至超过 18 号。一般长臂远侧 1/2 处为深带，有时整个长臂被染成深带。

为了帮助同学们记忆，我们将人类 23 对染色体的 G 显带特点编成口诀如下：

一秃二蛇三蝶飘，四像鞭炮五黑腰，六号像个小白脸，七盖八下九苗条；十号长臂近带好，十一低来十二高；十三四五一二一；十六长臂缢痕大；十七长臂带脚镣，十八白头肚子饱；十九中间一点腰，二十头重脚飘飘；二十一好像黑葫芦瓢，二十二头上一点黑；X 染色一担挑，Y 染色长臂带黑脚。

【思考题】

在油镜下绘制一个 G 带核型图，并标出 A 组 1、2、3 号染色体和 X、Y 染色体。

第 7 章　细胞表面和细胞内分子检测

实验 36　人类 ABO 血型检测

【实验原理】

血型就是红细胞膜上特异抗原分子的类型。在人类 ABO 血型系统中，红细胞膜上抗原分子有 A 和 B 两种，而血清抗体分别有抗 A 和抗 B 两种。A 抗原加抗 A 抗体或 B 抗原加抗 B 抗体，产生凝集现象。血型鉴定是将受试者的红细胞加入标准 A 型血清（含有抗 B 抗体）与标准 B 型血清（含有抗 A 抗体）中，观察有无凝集现象，从而测知受试者红细胞膜上有无 A 或（和）B 抗原。在 ABO 血型系统中根据红细胞膜上是否含 A、B 抗原可将血型分为 A、B、AB、O 四种类型（表 7-1）。

表 7-1　ABO 血型中的抗原和抗体

血型	红细胞膜上所含的抗原	血清中所含的抗体
O	无 A 和 B	抗 A 和抗 B
A	A	抗 B
B	B	抗 A
AB	A 和 B	无抗 A 和抗 B

交叉配血指的是将受血者与供血者的血清和红细胞分别混合，观察是否会发生凝集现象（图 7-1）。输血时，受血者的血清是否会将供血者的红细胞凝集起来是主要考虑的问题，供血者的血清不能凝集受血者的红细胞是次要考虑的问题。其中，前者叫作直接配血，学名为交叉配血试验的主侧；后者叫作间接配血，学名为交叉配血的次侧。只有主侧与次侧都没有发生凝集现象，实现了"配血相合"，才能将供血者的血供应给受血者；如

果发生了主侧凝集现象，则为"配血禁忌"，即"配血不合"，这种情况下不能进行供血；如果主侧没发生凝集反应，但次侧发生了凝集反应，则代表"基本相合"，在这种情况下进行输血，应十分谨慎，不能过多也不能过快，时刻关注是否发生输血反应。

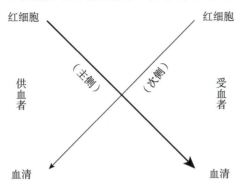

图 7-1　交叉配血示意图

【实验目的】

学习人类 ABO 血型鉴定的原理、方法以及交叉配血方法。

【实验用品】

1. 设备

光学显微镜、离心机、采血针、载玻片、双凹载玻片、竹签、棉球、试管等。

2. 材料与试剂

标准 A 型和标准 B 型血清、75% 乙醇、碘酒等。

【实验方法】

1. 流程图

（1）人类 ABO 血型鉴定（图 7-2）。

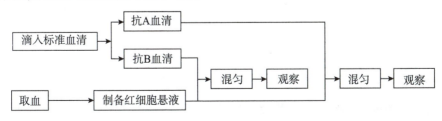

图 7-2　人类 ABO 血型鉴定流程

（2）交叉配血（图7-3）。

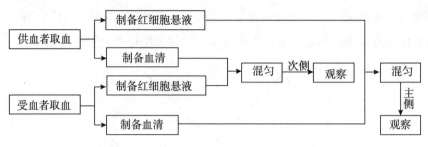

图 7-3　交叉配血流程

2. 内容

（1）人类 ABO 血型鉴定。

①玻片法。

a. 取一片洁净的载玻片，在载玻片的两端分别滴入 2 滴标准 A 型与标准 B 型的血清。

b. 红细胞悬液制备：从指尖或耳垂取血一滴，加入含 1 mL 生理盐水的小试管内，混匀，即得约 5% 红细胞悬液。采血时应注意先用 75% 乙醇消毒指尖或耳垂。

c. 用滴管吸取红细胞悬液，分别各滴一滴于载玻片两端的血清上，注意勿使滴管与血清相接触。

d. 用竹签两头分别混合，搅匀。

e. 10 ～ 30 min 后观察结果。先用肉眼看有无凝集现象，肉眼不易分辨时，则在低倍显微镜下观察，如有凝集反应，可见红细胞聚集成团。

f. 根据供血者红细胞是否被标准 A、B 型血清所凝集，判断其血型。

②试管法。

a. 取试管 2 支，分别标明 A、B 字样，并分别加入相应标准血清 2 滴，各管加入受血者的红细胞悬液 1 ～ 2 滴，摇匀。

b. 将上述 2 支试管以 1 000 r/min 离心 1 min。

c. 取出试管，轻弹底部，若沉淀物呈团块状浮起为凝集，若呈散在烟雾状上浮进而恢复原混悬状为无凝集。

（2）交叉配血。

①玻片法。

a. 先用蘸有碘酒，75% 乙醇的棉球分别消毒皮肤后，再用消毒干燥注射器抽取受血者及供血者静脉血各 2 mL，各用一滴制备红细胞悬液，分别标明供血者与受血者。余下血分别注入干净试管，也标明供血者与受血者，待其凝固后析出血清备用。

b. 在双凹载玻片的左侧标上"主"（即主侧），右侧标上"次"（即次侧）。主侧分别滴入供血者红细胞悬液一滴和受血者血清一滴；次侧分别滴入受血者红细胞悬液一滴和供血者血清一滴，并用竹签混匀。

c.15 ～ 30 min 后，观察结果。若两侧均无凝集现象，可多量输血；若主侧无凝集而次侧有凝集只可考虑少量输血；若主侧有凝集则不能输血。

②试管法。

取 2 支试管，分别注明"主""次"字样，管内所加内容物同玻片法，混匀后以1 000 r/min 离心 1 min，取出观察结果。

3. 注意事项

（1）所用双凹载玻片在实验前必须清洗干净，以免出现假凝集现象。

（2）标准 A、B 型血清绝对不能相混，应在所用滴管上贴标签标明 A、B，红细胞悬液滴管头不能接触标准血清液面，若用竹签一端去混匀一侧就不能再去接触另一侧。

实验 37　鸡红细胞甲基绿 – 派洛宁染色显示细胞中的 DNA/RNA

【实验原理】

用甲基绿派洛宁混合染液处理细胞后，可使细胞内 DNA 和 RNA 显示不同的颜色。

用核酸水解酶（DNase 和 RNase）作为"酶水解对照"的研究证实：被甲基绿所染色者为 DNA，可经脱氧核糖核酸酶（DNase）消化而特异性失染；被派洛宁所染色者为 RNA，可经核糖核酸酶（RNase）消化使原派洛宁阳性物质失染。因而，甲基绿派洛宁染色成为一种显示核糖核酸的组织化学方法。

甲基绿染 DNA 和派洛宁染 RNA 不是化学作用，而是这两种染料与 DNA 和 RNA 聚合程度不同，即 DNA 和 RNA 对这两种碱性染料有不同的亲和力，所以是选择性染色。

DNA 分子为高聚分子，甲基绿分子有两个相对的正电荷。甲基绿对聚合程度高的DNA 分子有较强的亲和力，故能使 DNA 染成绿色。而 RNA 为低聚分子，派洛宁只有一个正电荷，因此，派洛宁仅与聚合程度低的 RNA 结合，使 RNA 染成红色。

【实验目的】

熟悉细胞 DNA 和 RNA 的分布状况，了解细胞核染色的一般原理、方法及其意义。

【实验用品】

1. 设备

光学显微镜、载玻片、镊子等。

2. 材料与试剂

70% 乙醇、鸡血（蛙血）、Unna 染色液（甲基绿派洛宁）等。

【实验方法】

1. 流程

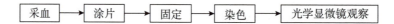

采血 → 涂片 → 固定 → 染色 → 光学显微镜观察

2. 内容

（1）涂片：取一滴鸡血置于载玻片的一端，一只手持载玻片，另一只手再拿一块边缘平滑的载玻片，将一端从血滴前方后移接触血滴，血滴即沿推片散开。然后，使推片与载玻片夹角保持 30°～45° 平稳地向前移动，载玻片上保留一薄层血膜。

（2）固定：将晾干的血涂片浸入 70% 的乙醇中，固定 5～10 min，取出后室温下晾干。

（3）染色：将血涂片平放在实验台上，加 2～3 滴甲基绿派洛宁混合染液。

（4）水洗：用细流水冲洗血涂片数秒钟，然后将载玻片立于吸水纸上，吸去多余的水分。

（5）观察：盖上盖玻片在光学显微镜下观察，细胞核、细胞质各被染成什么颜色？

【注意事项】

染色后的每一步都应用吸水纸或粗滤纸吸去材料外多余的药品或试剂，否则会影响下一步操作及最后镜检的效果。

实验 38　细胞内碱性蛋白质和酸性蛋白质的显示

【实验原理】

蛋白质的基本组成单位是氨基酸，氨基酸同时具有氨基和羧基（其在溶液中主要以 $-NH_3^+$、$-COO^-$ 形式存在），而自由氨基和羧基的游离取决于溶液的 pH：当蛋白质处于酸性溶液时，由于该溶液中正离子（H^+）多，从而抑制蛋白质中的 COOH 电离，于是造成蛋白质带正电荷多；当蛋白质处于碱性溶液时，由于该溶液中负离子（OH^-）多，从而促使蛋白质中的 COOH 都电离成 COO^-，于是造成蛋白质带负电荷多；当蛋白质处于某一种 pH 溶液时，它恰好带有相等的正、负电荷（呈兼性离子），此时的 pH 称为等电点（pI）。由于蛋白质的组成中不仅含有末端羧基与末端氨基，还有很多侧链和很多可以在溶液中电离的基团，因此，一个蛋白质分子的四周表面遍布电荷。蛋白质分子不同，所带有的酸性基团与碱性基团的数量也不同，因此有不同的等电点。综合来看，蛋白质分子携带的净电荷主要取决于以下两点：①酸性基团与碱性基团在分子中的数量；②所处溶液的 pH，如当蛋白质分子处于生理条件下，所携带的负电荷居多时，其等电点偏向酸性，该蛋白质属于酸性蛋白质；如果蛋白质分子在生理条件下携带了很多正电荷，则属于等电荷偏向碱性的碱性蛋白质。据此，可用三氯醋酸对标本进行处理，之后在用 pH 不同的固绿染液（一种带有负电荷的弱酸性染料）对标本进行染色，就能分开显示细胞内酸碱属性不同的两种蛋白质。

【实验目的】

（1）熟悉细胞内酸性蛋白质和碱性蛋白质化学反应染色的一般原理及方法。

（2）了解蟾蜍红细胞内酸性蛋白质和碱性蛋白质在细胞中的分布。

【实验用品】

1. 设备

光学显微镜、水浴箱、取材制片器械、染色器皿等。

细胞生物学实验指导

2. 材料与试剂

活蟾蜍、70% 乙醇、5% 三氯醋酸、乙醚、1 mol/L HCl 等。

【实验方法】

1. 流程

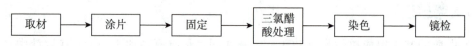

取材 → 涂片 → 固定 → 三氯醋酸处理 → 染色 → 镜检

2. 内容

（1）取材和涂片：将活蟾蜍用乙醚麻醉后，剪开胸腔，打开心包，取心脏血滴一滴在干净载玻片一端，以另一载玻片的一端紧贴在已滴血的载玻片上，均匀用力，成45°角轻轻向前推去，使血液在载玻片上涂成一均匀薄层，制成的涂片室温下晾干。

（2）固定：将晾干的涂片浸于 70% 乙醇中固定 5 min，用清水冲洗干净。

（3）三氯醋酸处理：将已固定涂片浸于 5% 三氯醋酸，60 ℃ 处理 30 min，用清水冲洗（注意一定要反复洗净，不可在涂片上留下三氯醋酸痕迹，否则酸性蛋白质和碱性蛋白质的染色不能分明）。

（4）染色和镜检：将显示酸性蛋白质的涂片在 0.1% 酸性固绿染液中染色 5 ～ 10 min。用清水冲净。将显示碱性蛋白质的涂片在 0.1% 碱性固绿染液中染色 0.5 ～ 1.0 h（视染色深浅而定）。用清水冲净后将上述两张涂片检观察。

3. 注意事项

（1）在制作血涂片的过程中要用力均匀，避免来回推拉及刮片，好的血涂片在光学显微镜下观察到的细胞应该是单层均匀排列的。

（2）取血滴不宜太大，以免涂片过厚，影响观察。

（3）涂片厚薄适中。注意拿片的姿势，推片角度和速度要适中，用力要均匀。

（4）涂片一般后半部观察效果比较好。

138

第8章　细胞与分子遗传

实验 39　动物组织细胞 DNA 的提取与检测

【实验目的】

（1）掌握苯酚－氯仿抽提法提取动物组织总 DNA 的原理和基本操作方法。

（2）了解分子遗传学实验常用仪器设备及其使用方法。

【实验原理】

DNA 作为基础遗传物质，是染色体的主要组成成分。当今遗传学将对 DNA 功能与结构的研究作为一项主要研究内容，相关的研究结果能为遗传与变异的本质的阐述带来重要指导。如果对 DNA 的功能、结构、理化性质之间的关系进行研究，则首先需要将生物组织中的 DNA 提取出来。因此，提取基因组 DNA 是分子遗传学实验技术中最基本也是最重要的一项操作。

生物组织中的 DNA 一般以核蛋白的形式存在于细胞核中，有较大的相对分子质量，如人的染色体 DNA 的相对分子质量约为 6×10^{10}，单倍体 23 条染色体有大约 30 亿个碱基。因此，在提取时要求尽量保持 DNA 大分子的完整性；要注意保持 DNA 的纯度，去除杂质和蛋白质；要防止细胞内 DNA 酶对 DNA 的降解。

就真核生物来说，其包括培养细胞在内的一切有核细胞都可以用来制备基因组 DNA。在纯水中，DNA 有较大的溶解度，但在有机溶剂中不会溶解。本实验采取 SDS 法进行 DNA 的提取。SDS 即十二烷基磺酸钠，常用作阴离子去垢剂，在较高温度（55 ～ 65 ℃）环境下，用高浓度的 SDS 可以对细胞进行裂解，破坏细胞膜与核膜，离析其中的染色体，使蛋白质变性，将蛋白质中的 DNA 游离出来。利用蛋白酶 K 可降解蛋白酶生成氨基酸或小肽，完整分离出 DNA 分子。在添加 EDTA 环境下螯合二价金属离子抑制细胞中 DNase 的活性；然后通过提高盐浓度及降低温度使蛋白质及多糖杂质沉淀，离心除去沉淀后，上清液中的 DNA 再用苯酚、氯仿、异戊醇混合液反复抽提，以去除 DNA 中的蛋白质，进行纯化；最后添加醋酸钠溶液和 2 倍体积的无水乙醇沉淀水相中的 DNA，用 70% 乙醇洗涤 2 次，即可得到细胞核 DNA 的粗制品。

DNA 粗制品中一般含有一定量的 RNA、残存的蛋白质和寡核苷酸片段，可加入 RNase 消除，也可进一步采用电泳法除去杂质，得到高度纯化的 DNA。

【实验用品】

1. 实验材料

新鲜动物（牡蛎）肌肉组织或其冻存样本。

2. 实验器材

高速离心机、冰箱、研钵、移液枪（10 μL、100 μL、1000 μL）及配套枪头、电热恒温水槽（DK-8D）、精密电子天平（J500）、离心管（1.5 mL）、眼科剪等。

3. 实验试剂

DNA 提取液、TE 缓冲液、液氮、Tris 饱和酚（pH>7.4）、SDS、Tris、EDTA-Na_2、RNase A、无水乙醇、苯酚、氯仿、异戊醇、70% 乙醇、蛋白酶 K（20 mg/mL）、醋酸钠溶液（3 mol/L，pH 5.2）等。

常用试剂配制方法如下。

（1）DNA 提取液：配制 100 mL DNA 提取液，需要 1 mol/L Tris-HCl（pH 8.0）1 mL、0.5 mol/L EDTA 溶液（pH 8.0）20 mL、10%SDS 溶液 10 mL，然后定容到 100 mL，高压灭菌后常温保存。

（2）1 mol/L Tris-HCl（pH 8.0）：将 121 g Tris 溶于 800 mL 双蒸水中，用 HCl 溶液调 pH 到 8.0，定容至 1 000 mL，高压灭菌。

（3）0.5 mol/L EDTA 溶液（pH 8.0）：将 186 g EDTA 溶于 800 mL 双蒸水中，用 NaOH 溶液调 pH 到 8.0，定容至 1 000 mL，高压灭菌。

（4）10%SDS 溶液：将 100 g SDS 溶于 900 mL 双蒸水中，加热至 68 ℃ 使其溶解，用 HCl 溶液调 pH 到 7.2，定容至 1 000 mL。

（5）TE 缓冲液：取 10 mL 0.1 mol/L Tris-HCl（pH 8.0）与 2 mL 0.5 mol/L EDTA（pH 8.0），用双蒸水定容至 1 000 mL，高压灭菌。

（6）100 mg/mL RNaseA 溶液：称取 1 g RNaseA，再吸取 100 μL 1 mol/L Tris-HCl（pH 7.5）和 150 μL 1 mol/L NaCl 溶液中，用双蒸水定容至 10 mL，煮沸 10 min，室温冷却后，储存于 −20 ℃ 冰箱中。

（7）蛋白酶 K 溶液（20 mg/mL）；将 200 mg 蛋白酶 K 加入 9.5 mL 水中，轻轻振荡，直至蛋白酶 K 完全溶解（不要涡旋混合）。加水定容到 10 mL，然后分装成小份，储存于 −20 ℃ 冰箱中。

（8）醋酸钠溶液（3 mol/L，pH 5.2）：在 80 mL 水中溶解 408.1 g 三水醋酸钠，用冰醋酸调节 pH 至 5.2 或用稀醋酸调节 pH 至 7.0，加水定容到 1 000 mL，分装后高压灭菌。

【实验内容】

1. 样品消化

（1）取样。用精密电子天平称取 100 mg 牡蛎肌肉组织，放入 1.5 mL 离心管中，并用眼科剪将其剪碎（或置于 −80 ℃ 预冷研钵中，加入液氮，研磨至粉末状），加入 600 μL DNA 提取液和 10 μL 蛋白酶 K 溶液（20 mg/mL）后充分混匀。

（2）裂解。待混匀后，将离心管放入 55 ℃ 电热恒温水槽中加热，每 15 min 翻转一次，1～3 h 后待样品裂解成澄清黏稠状液体后取出。

（3）第三次抽提。使用移液枪小心吸出上清液，置于新的离心管中，加入等体积氯仿 − 异戊醇（体积比为 24∶1）混合液，轻轻混匀 10 min，再以 12 000 r/min 离心 10 min。

（4）洗涤。弃去上清液，用 70% 乙醇洗涤沉淀 2～3 次后去除乙醇溶液，常温晾干。

（5）保存。加入 100～200 μL TE 缓冲液溶解成母液（4 ℃ 或 −20 ℃ 保存备用）。

（6）去除 RNA 干扰。

【实验结果与分析】

严格遵守操作规则，获得白色沉淀或白色絮状沉淀，并针对实验结果分析原因。

【注意事项】

（1）为了尽可能避免 DNA 大分子的断裂，在实验过程中剪碎组织和匀浆的时间尽量短些。

（2）注意把握动物组织消化时间。时间过短，则消化效果不好；时间过长，则 DNA 会降解。

（3）离心操作时样品要平衡放置。

（4）用苯酚－氯仿异戊醇混合液抽提时勿剧烈振荡，以防止 DNA 链断裂。

（5）苯酚、氯仿是强烈的蛋白质变性剂，实验时将离心管盖好或戴手套操作，以免伤害到皮肤。

（6）清洗 DNA 沉淀时，不要将 DNA 丢失。

【思考题】

（1）DNA 提取液中各成分的作用是什么？

（2）DNA 提取过程中的关键步骤是什么？为什么？

（3）如何防止 DNA 样品降解？

（4）如何去除 DNA 粗提物中的杂质？

实验 40 数量性状遗传分析

生物大部分具有经济价值的性状都属于数量性状，这一性状通常由多基因控制，基因之间具有复杂的作用关系，易于受环境影响，因此无法通过质量性状的分析方法准确判断和阐述数量性状的遗传规律，只能使用特殊的统计学方法对数量性状的遗传规律做出分析。

【实验目的】

对数量性状的表现特点、遗传特点及其对育种所具有的意义有进一步的了解与掌握；通过统计和分析数量性状遗传实验的各项数据（如水稻生育期、玉米果穗长度、棉花纤维长度、家蚕茧丝量等形状），练习估算杂种优势的表现及其遗传力。

【实验原理】

在动植物育种方面，很多被重视的经济性状最终都表现为数量性状。以下是数量性状的四个特点：一是数量性状一般可以被度量；二是性状具有连续变异的特点；三是环境变化容易对性状产生影响；四是控制数量性状的大部分为多基因系统的遗传基础，各基因之间具有复杂的关系。环境与基因型共同决定了数量性状的表现，情况复杂，所以常使用分析质量性状的方法，但用这种方法并不足以分析数量性状。可将数量性状的特点作为依据，采取统计学的方法做出对应的遗传分析。在实际统计分析时，通常将一对基因（A,a）的遗传模型与其存在的基因效应为切入点。

依据加性－显性遗传模型，假设纯合体 AA 和 aa 的加性效应值分别为 d 和 $-d$，中亲值（m）为 $[d+(-d)]/2=0$，由杂合体的显性作用所引起的显性偏差为 h，则其基因的作用效应可分解如下：

（1）等位基因间：纯合体 AA 和 aa 的加性效应值分别为 d 和 $-d$（加性效应）；

杂合型（Aa）：无显性（$h=0$，加性效应）、部分显性（$-d<h<d$，非加性效应）、完全显性（$h=d$ 或 $h=-d$，非加性效应）、超显性（$h>d$ 或 $h<-d$，非加性效应）。

（2）非等位基因间：上位性。

由于数量性状的表现是由基因型和环境两方面决定的，因此假设基因型与环境之间没有相关和相互作用，则群体的表型方差（V_p）应是基因型方差（V_G）和环境方差（V_E）之和：

$$V_P = V_G + V_E$$

而基因型方差是由加性方差（V_A）、显性方差（V_D）和非等位基因间的上位性方差（V_t）所组成的，因此基因型方差可表示如下：

$$V_P = V_G + V_F = V_A + V_D + V_I + V_E$$

根据 F_2、$B_1(F_1 \times P_1)$、$B_2(F_1 \times P_2)$ 群体的方差组成分析，F_2 的遗传方差应为

$$V_{GF_1} = \frac{1}{2}a_1^2 + \frac{1}{4}d_1^2 + \frac{1}{2}a_2^2 + \frac{1}{4}d_2^2 + \cdots + \frac{1}{2}a_x^2 + \frac{1}{2}d_y^2 = \frac{1}{2}\sum a^2 + \frac{1}{4}\sum d^2$$

设 $V_A = \sum a^2, V_D = \sum d^2$，那么

$$V_{GF_2} = \frac{1}{2}V_A + \frac{1}{4}V_D$$

如果同时考虑环境影响所产生的环境方差，则 F_2 表型方差的组成部分为

$$V_{F_2} = \frac{1}{2}V_A + \frac{1}{4}V_D + V_E$$

回交世代 $B_1(F_1 \times P_1)$、$B_2(F_1 \times P_2)$ 的方差组成为

$$V_{GB_1} = \frac{1}{2}\left[a - \left(\frac{1}{2}a + \frac{1}{2}d\right)\right]^2 + \frac{1}{2}\left[d - \left(\frac{1}{2}a + \frac{1}{2}d\right)\right]^2 = \frac{1}{4}(a-d)^2 = \frac{1}{4}(a^2 - 2ad + d^2)$$

$$V_{GB_2} = \frac{1}{2}\left[d-\left(\frac{1}{2}d-\frac{1}{2}a\right)\right]^2 + \frac{1}{2}\left[-a-\left(\frac{1}{2}d-\frac{1}{2}a\right)\right]^2 = \frac{1}{4}(a+d)^2 = \frac{1}{4}\left(a^2+2ad+d^2\right)$$

由于数量性状受多对基因控制，假定这些基因既不相互连锁，也没有相互作用，则：

$$V_{GB_1} + V_{GB_2} = \frac{1}{2}\sum a^2 + \frac{1}{2}\sum d^2 = \frac{1}{2}V_A + \frac{1}{2}V_D$$

引入环境方差 V_E，则：

$$V_{B_1} + V_{B_2} = \frac{1}{2}V_A + \frac{1}{2}V_D + 2V_E$$

综上推导得 F_2 加性方差的估值为

$$2V_{F_2} - \left(V_{B_1}+V_{B_2}\right) = \frac{1}{2}V_A$$

在上述群体方差组成分析的基础上，可对数量性状遗传试验所得到的各项数据进行统计分析，并按照公式对势能比值、杂种优势率、遗传率、控制所测性状的最少基因对数、优势指数、平均显性度分别进行估算。

【实验用品】

1. 仪器

计算器、米尺、天平等。

2. 材料

（1）玉米果穗长度：实验资料是将玉米长果穗型的自交系 P_1、短果穗型的自交系及其杂种后代 F_1、F_2（F 自交）、回交后代于同年同一环境条件下种植，随机区组设计，重复 3 次，收获后分别按世代随机取样 30 株，测量记录果穗长度。

（2）家蚕茧丝量：实验资料是将家蚕高茧丝量品种 P_1、高茧丝量品种 P_2 及其杂种后代 F_1、F_2（F_1自交）、回交后代于同年同室同一环境条件下饲养，随机区组设计，重复 3 次，结茧后分别按世代随机取雌雄蚕茧各 30 粒，称量其全茧量和茧层量。

（3）也可用表 8-1 提供的水稻生育期和棉花纤维长度的遗传实验材料。

表 8-1　水稻莲塘早（P_1）× 矮脚南特（P_2）的亲本及其不同世代的生育期

	6月						7月								n	v
	19—20	21—22	23—24	25—26	27—28	29—30	1—2	3—4	5—6	7—8	9—10	11—12	13—14	15—16		
	-6	-5	-4	-3	-2	-1	0	1	2	3	4	5	6	7		
			9	43	34	28	21	7	30	46	46	4	5			
			4	4		2	6	6			4					
				14	26	74	142	128	54	22					
				4	5	1	6	5								
					20	20	14	13	31	22	21	14				
	2															

n: 各世代不同生育期株数总和；v: 各世代生育期方差。

【实验方法】

1. 基本参数计算

（1）计算各世代的平均数（$\bar{X}$）、方差（V）及标准差（S）。对通过实验测量得到的家蚕实际的茧丝量与玉米果穗的实际长度的遗传数据资料做好统计与分组，整理成次数表，或者按照下列公式，依据附在实验中的、已经分组整理出来的棉花纤维长度、水稻生育期次数表，分别计算各世代的基本参数。

$$平均数：\bar{X} = \frac{x_1 + x_2 + \cdots + x_n}{N} = \frac{\sum x}{N} \text{ 或 } = \frac{fx_1 + fx_2 + \cdots + fx_n}{N} = \frac{\sum fx}{N}$$

$$方差：V = \frac{\sum (x - \bar{X})}{N-1} = \frac{\sum x^2 - \frac{(\sum x)^2}{N}}{N-1} \text{ 或 } = \frac{\sum fx^2 - \frac{(\sum fx)^2}{N}}{N-1}$$

$$标准差：S = \sqrt{V}$$

式中，x 为个体值或分组的各组值；f 为分组的各组次数；N 为观察的个体数。

（2）计算环境方差（V_E）。F_2 的环境方差一般可根据不同情况采用下列三种方法来估算：

①可以从两个亲本的表型方差和 F_1 的表型方差合计来估算（此方法提供的信息量较大，对 V_E 的估算较好）：

$$V_E = \frac{1}{3}\left(V_{P_1} + V_{P_2} + V_{F_1}\right)$$

②由于来自杂交的两个亲本都是纯合体，每个亲本的遗传型都是一致的，即遗传变异等于 0，因此可以从两个亲本的表型方差来估算：

$$V_E = \frac{1}{2}\left(V_{P_1} + V_{P_2}\right)$$

③环境方差的估算还可以利用具有一致基因型的 F_1 群体来完成。由于全部使用了纯合体亲本进行杂交，杂种 F_1 都具有相同的遗传型，所以，可以将 F_1 的表型变异全部归为环境变异导致的，由此就可以直接从 F_1 的表型方差着手进行估算：

$$V_E = V_{F_1}$$

2. 遗传率的估算

遗传率指在某群体内，受遗传因素影响，某数量性状发生的变异占据该群体表型变异的比值。以遗传率估值时带有的不同成分为依据，可赋予遗传率广义与狭义两个层面的内涵，其中，广义遗传率也叫作"广义遗传力"，指基因型方差（V_G）占表型方差（V_P）的比值；狭义遗传率也称"狭义遗传力"，指加性方差（V_D）占表型方差（V_P）的比值，它们的估算方法如下：

（1）广义遗传率（h^2B）的计算：

$$h^2B = \frac{V_G}{V_P} \times 100\% = \frac{V_{F_2} - V_E}{V_{F_2}} \times 100\%$$

$$= \frac{V_{F_2} - \frac{1}{3}\left(V_{P_1} + V_{P_2} + V_{F_1}\right)}{V_{F_2}} \times 100\%$$

如果供试材料为异花授粉植物，可用下式估算：

$$h^2B = \frac{V_{F_2} - V_{F_1}}{V_{F_2}} \times 100\%$$

如果供试材料为无性生殖作物，由于个体的异质杂合性，通常以营养系方差（V_{S_0}）作为环境方差，以自交一代的方差（V_{S_1}）作为总方差估计，这样其基因型方差的计算为 $V_G = V_{S_1} - V_{S_0}$，其遗传率可用下式估计：

$$h^2B = \frac{V_{S_1} - V_{S_0}}{V_{S_1}} \times 100\%$$

（2）狭义遗传率（h^2N）的估算：

$$h^2N = \frac{V_D}{V_P} \times 100\%$$

3. 最少基因对数的估算

假设有 K 对基因控制着某数量性状，双亲都表现为极端类型（两个亲本中，一个全为正向基因；另一个全为负向基因），每种基因有相同大小的基因效应，不存在上位作用与显隐性关系，且所有基因之间不存在连锁关系，则：

$$\overline{P}_1 - \overline{P}_2 = Kd - (-Kd) = 2Kd$$

$$D = \sum d^2 = Kd^2$$

故

$$K = \frac{D}{d^2} = \frac{4K^2 d^2}{4Kd^2} = \frac{(2Kd)^2}{4\sum d^2} = \frac{\left(\bar{P}_1 - \bar{P}_2\right)^2}{4D} = \frac{\left[\frac{1}{2}\left(\bar{P}_1 - \bar{P}_2\right)\right]^2}{D}$$

因此，控制某一数量性状的最少基因对数可用下式估算：

$$K = \frac{\left[\frac{1}{2}\left(\bar{P}_1 - \bar{P}_2\right)\right]^2}{D}$$

式中，$D = 4V_{F_2} - 2\left(V_{B_1} + V_{B_2}\right)$。

【思考题】

（1）对家蚕各世代的蛹体质量、全茧量、茧层率、茧层量进行分组称量调查，并以家蚕茧质性状的调查数据为依据，分别对该性状的广义、狭义遗传率及控制该性状需要的最少基因对数进行合理估算。

（2）解析估算各性状所得的遗传参数，通过分析说明家蚕茧质性状自交系、回交世代间，以及 F_1、F_2 的表现存在差异的原因。

实验 41　苯硫脲 PTC 尝味试验及其基因频率的计算

【实验目的】

以不同人在味觉上对 PTC 的知觉差异为依据进行表型比例调查，对味盲基因频率进行估算，了解测算群体基因频率的一般方法；对遗传平衡定律进行深入理解，了解能引起群体平衡变化的因素。

【实验原理】

遗传平衡定律的基础是二倍体生物亲本产生单倍体雌雄配子；雌雄配子随机结合形

成新基因型的合子；合子发育形成新基因型个体，再产生下个世代的配子。以 p 和 q 分别代表一对等位基因 A 与 a 的频率，雌雄配子携带不同基因，或 A 或 a，则有基因型频率 $p^2+2pq+q^2=1$，这就是由 Hardy 和 Weinberg 分别提出的生物群体中等位基因频率遗传平衡公式。设基因 A 的频率为 ρ，基因 a 的频率为 q，假设群体有 100 个个体，40% 位点为 A，$p=0.40$，其余为 a，$q=0.60$，则有基因型 AA，Aa，aa，如果 Hardy 和 Weinberg 提出的五个条件满足，三种基因型频率平衡公式有 $p^2+2pq+q^2=1$，并保持不变。人体对（PTC）尝味的能力是由一对等位基因（T、t）所决定的遗传性状。T 对 t 为不完全显性。根据对不同浓度苯硫脲溶液的味觉差异可测试出三种基因型的人数，从而进行基因及基因型频率的计算。

【实验对象与试剂】

1. 实验对象

学生群体。

2. 试剂及其配制

配制 PTC 溶液及其不同浓度稀释液（表 8-2）。称取 PTC 结晶 1.3 g，加蒸馏水 1 000 mL，置室温下 1 ~ 2 d 即可完全溶解。其间应不断摇晃，以加快溶解过程。由此配制的溶液浓度为 1/750 mol/L，称为原液，也就是 1 号液。2 ~ 14 号溶液均由上一号溶液按倍比稀释而成，具体配制方法见表 8-2。

表 8-2 不同浓度 PTC 溶液的配制方法

编号	配制方法	浓度 /（mol·L⁻¹）	基因型
1号	1.3 g PTC+蒸馏水 1 000 mL	1/750	tt
2号	1号液 100 mL+蒸馏水 100 mL	1/1 500	tt
3号	2号液 100 mL+蒸馏水 100 mL	1/3 000	tt
4号	3号液 100 mL+蒸馏水 100 mL	1/6 000	tt
5号	4号液 100 mL+蒸馏水 100 mL	1/12 000	tt
6号	5号液 100 mL+蒸馏水 100 mL	1/24 000	tt
7号	6号液 100 mL+蒸馏水 100 mL	1/48 000	Tt
8号	7号液 100 mL+蒸馏水 100 mL	1/96 000	Tt

续表

编号	配制方法	浓度 /（mol·L^{-1}）	基因型
9号	8号液 100 mL+蒸馏水 100 mL	1/192 000	Tt
10号	9号液 100 mL+蒸馏水 100 mL	1/380 000	Tt
11号	10号液 100 mL+蒸馏水 101 mL	1/750 000	TT
12号	11号液 100 mL+蒸馏水 102 mL	1/1 500 000	TT
13号	12号液 100 mL+蒸馏水 103 mL	1/3000 000	TT
14号	13号液 100 mL+蒸馏水 104 mL	1/6 000 000	TT
15号	蒸馏水		

【实验方法】

（1）让受试者在椅子上坐好，做仰头张口的动作，按照浓度从低到高的顺序，从14号溶液开始，依次用滴管吸取 3 ～ 5 滴溶液，滴入受试者舌根部，让受试者缓慢下咽品尝溶液的味道，每次品尝后用蒸馏水做同样的试验。

（2）询问受试者对这两种溶液的感受，了解其是否能准确鉴别出这两种溶液，如果不能明确鉴别出来，则依次更换13 号、12 号、11 号……溶液重复进行该试验，直至受试者能明确、精准品味出 PTC 的苦味为止。

（3）当用某号溶液测试后，受试者能准确鉴别出来时，应重复用该号溶液进行 3 次尝味试验，只有达到百分之百的准确率，所得结果才可靠。

（4）计算尝出 PTC 味的基因频率，填入表 8-3：

表 8-3 尝出 PTC 味的基因频率统计

人群	表现型		基因频率	
	% Tasters（p^2+2pq）	% Nontasters（q^2）	p	q

【注意事项】

（1）测试时，必须从低浓度到高浓度依次进行。

（2）测试时，PTC 溶液量要少，且要滴在味觉最敏感的舌根部。

【思考题】

（1）根据一个实验班的测定结果，求出该班群体中基因 T 和 t 的频率。

（2）通过实验，对计算基因与基因型频率的方法进行学习。根据 Hardy- Weinberg 平衡定律，对自然选择对等位基因频率的影响进行相关讨论，进化与等位基因频率变化的关系。

实验 42　植物有性杂交

孟德尔通过相对性状不同的豌豆杂交试验，对后代表型比例进行统计分析后，总结出了基因的自由组合遗传规律与分离规律。有性杂交是通过人工创造、重新组合杂种亲本遗传物质的方式，使后代基因发生变异的最有效、最常用的方法，也是现代植物育种方面最具成效的一种育种方法。通过结合亲本雌雄配子的有性杂交方式，将亲本双方的基因重新组合，借此产生形状不同的新组合，由此就能从中选择出最需要的基因型，并培育出人类需要的新品种。随着遗传学的不断发展、进步，当前达到了 DNA 分子水平，通过有性杂交的方式，也逐步实现了植物转基因后代遗传分析及分子标记作图。

【实验目的】

基于目的、原理的出发点全面了解植物的有性杂交，了解植物的开花习性、花器构造、授粉受精等有性杂交方面的基础知识，掌握部分花卉或作物等杂交的实际操作技术，奠定研究遗传育种的基础。

【实验原理】

两种基因型不同的品种，通过结合雌雄细胞，产生同时具备两种基因型遗传物质组合的新后代，这个过程就是杂交。在有性杂交中，母本为接受花粉的植株，用符号"♀"表示；父本为提供花粉的植株，用"♂"表示。母本与父本统称为亲本，用"P"表示，用"X"表示杂交符号，用"⊗"表示自交符号，用 F_1 表示杂种一代，F_2 表示杂种二代，以此类推。以有性杂交亲本亲缘关系的远近为依据，可将有性杂交分为远缘杂交和近缘杂交。不同种、属甚至科间的杂交，包括栽培植物与其同种的野生种间的杂交，都属于远缘杂交，由于远缘杂交的亲本遗传物质有较大差异，较难成功完成杂交育种工作。但因亲本之间具有较远的亲缘关系，一旦成功杂交，栽培作物的基因库就能得到扩大，其他物种的有利基因就有机会组合起来，孕育出更具优势特性的新品种，丰富物种的基因来源。近缘杂交指相同物种内不同品种间发生的杂交。当杂交的两个品种间有较近的亲缘关系时，其遗传物质基础（染色体的形态和数目）相同，杂交相对更容易成功，因此，可选择正确的亲本组合配置进行杂交，按照目标选择后代，由此在相对较短的年限内就可以选育出兼具亲本优良形状的新品种。

　　人工有性杂交需要先将母本植物的蕾或花药去除掉，这一步骤叫去雄。常用的去雄方法有很多，如温汤杀雄法、化学药剂杀雄法、夹除雄蕊法、热气杀雄法、剥去花冠法等。由于不同种的作物的花有不同结构，所选用的去雄方法也应因花而异，通过手工操作将雄蕊夹除的夹除雄蕊法仍是当前最常用的去雄方法之一，即用镊子——夹除母本花中的雄蕊。套袋去雄法、剪颖去雄法、分颖去雄法等是禾本科作物杂交常用的去雄方法，这些方法与夹除雄蕊法使用了相同原理。在去雄工作中，应注意以下几点：①去雄时间。开花前 1 ~ 2 d 是最适宜进行去雄操作的时间。去雄时间过早，容易误伤过嫩的花蕾，对花的结构造成损伤；去雄时间过晚，在花药裂开完成自花授粉之后进行就失去了去雄的意义。②授粉时间。在去雄处理后的 1 ~ 2 d，柱头上有黏液被分泌出来的时候授粉最适宜。通常情况下，在该作物开花最盛的时刻进行授粉会取得最好的效果，因为此时可以获得大量花粉，但由于其他品种在这一时间也到了盛花期，会有各种花粉在空气中混杂，所以在进行授粉操作时，避免污染是非常重要的。③授粉方法。可向容器中收集父本成熟的花粉，然后用毛笔蘸取收集好的花粉，涂刷在母本的柱头上。有时，还可将父本的整个花药塞到母本的花朵中完成授粉活动。

【实验用品】

1. 器材

小镊子、剪刀、棉花、纸牌、透明纸袋、回形针、大头针等，小麦（*Triticum aestivum*）、水稻（*Oryza sativa*）、豌豆、油菜等。

2. 药品

乙醇等。

【实验方法】

以小麦和水稻为例，对手工操作去雄方法做以下介绍。

1. 小麦

（1）选穗与整穗：选择生长良好的植株主穗，剪去上部和基部小穗，只留中部 10 个小穗（两边各 5 个）。每个小穗只留基部两朵花，中间的花用镊子夹除。若有芒，一起剪掉，以便于操作。

（2）去雄：用左手将麦穗捏住，将花朵的颖顶部轻轻压开，再用右手持镊子，将内外颖合缝中的雄蕊轻轻夹出来，注意不要碰伤柱头，也不要夹破雄蕊。去雄应按照由上到下的顺序进行，每次去雄后都需要用乙醇棉花清洁一下镊子，以免花粉被带到其他地方。

（3）套袋隔离：在完成对母本穗子的去雄处理后，应立即将纸袋套在该母本穗子上，还要折叠袋口并使用大头针或回形针别住，避免其他花粉进入袋子里，同时避免纸袋被风吹落，套袋完成后，应挂上标有去雄日期与母本"♀"名称的纸牌。

（4）花粉采集：根据作为父本植株的生长状况，选取穗中部有一两朵小花已开的穗，那些靠近的花也将开放，用镊子把这些花药取出，也可以剪去一些颖壳，促使开花，收集花粉，以便进行授粉。

（5）授粉：当柱头呈羽状分叉时，代表去雄花朵的柱头已经成熟，可开始授粉环节。通常情况下，授粉时间选在去雄后的第二天上午露水已经干透的 8 时以后与下午 4 时之前的这段时间中进行比较合适。如果恰巧遇到了气温比较低的阴雨天，则在完成去雄环节的 3～4 d 内进行授粉即可，要在完成授粉工作后，需要再次将纸袋套在授粉后的花朵上，并将授粉日期、品种等信息记录在去雄纸牌的背面。

（6）过一段时间，检查其结实情况。

2. 水稻

（1）去雄：可采用剪颖去雄法或套袋机械去雄法对水稻进行去雄处理。在使用剪颖去雄法时，应选择次日即可开花的穗子，先剪下穗上部叶鞘的一部分，将穗子露出来，再将颖壳的 1/4～1/3 剪掉，用镊子将雄蕊去除，然后将纸袋套在上面，挂上纸牌，整个处理过程与对小麦的去雄处理相同，但这种方法很容易造成花器受损，影响结实率——通常仅 5% 左右。在使用套袋机械去雄法时，应在植株开花前 1 h，在即将开花的穗子上套上褐色或黑色的纸袋，促使其提早开花，约能提前 15 min。这样的操作可以使花在花药尚未裂开的情况下提前开放，这时就可以由上到下地使用镊子去除花药，这种去雄方法不伤

花器且操作方便，缺点是不容易掌握套袋时间。

（2）授粉：在每天开花盛期，可采集并利用发育完全且刚破裂的花药进行授粉，在实际操作时，应用镊子夹取2个花药，将其轻轻塞进经过去雄处理的小穗内部，再用纸袋套好，做好标记。

（3）检查结果情况。

3. 豌豆

（1）去雄：右手将镊子插入花瓣，夹住雄蕊，轻轻拿出，注意既不要夹破，也不要碰伤柱头。

（2）套袋隔离：在完成对母本穗子的去雄处理后，应立即将其套上纸袋，避免其他花粉干扰实验。套袋后要折叠袋口，并用大头针或回形针封好，避免风将其吹落，影响实验结果。最后应将用铅笔标有去雄日期与母本"♀"名称的纸牌挂上去。

（3）采集花粉的方法：采集不同品种上的花粉，或用镊子取出花粉，再开始下一步授粉环节。

（4）授粉：柱头呈羽状分叉时，表示去雄花朵的柱头生长到成熟阶段，可将花粉授向分泌黏液的柱头上，完成后要用纸袋套好。

【注意事项】

细心、谨慎是决定夹除雄蕊成败的关键，在去除雄蕊的过程中要注意做好消毒清洁工作。去雄时，应在不夹破花药的前提下，将被处理花朵中的雄蕊夹除干净，并用70%的乙醇消毒，避免将其他花粉带入被处理花朵中。不同作物有不同的授粉时间，以豆科植物为例，可在进行去雄处理后立即开始授粉环节。在进行去雄操作时，每次使用镊子或毛笔时，都必须要用乙醇棉花做好清洁工作，避免花粉跟随镊子或毛笔去向别处，影响杂交结果。

【思考题】

（1）去雄的方法有哪些？这些方法的应用潜力如何？

（2）杂交技术在杂交育种中的重要性是什么？

实验 43　果蝇基因的连锁与交换分析

【实验目的】

通过分析果蝇杂交后代，理解连锁和互换的原理，学习实验结果的数据处理和重组值求法。

【实验原理】

同一条染色体上的基因，即遗传因子是连锁的，同源染色体基因之间能够进行一定频度的交换，因此会产生有一定频度的重组合型子代，但通常少于亲组合型。遗传学上，两个基因间的距离可用重组百分比（去掉百分号）来表示。重组类型越多，证明发生了越多次数的交换，两种基因之间的距离越远；反之，重组类型越低，说明基因的交换次数越少，两种基因越相近。需要明确的是，雄性果蝇不会发生交换，因此，采用测交方式对果蝇的基因互换与连锁进行分析时，只能将雄果蝇隐性个体与雌果蝇杂合体为亲本测交，对亲本类型与后代重组类型的数量进行统计，由此估算两个被测基因之间的距离。

【实验用品】

1. 材料

黑腹果蝇（*Droso phila melanogaster*）有两种品系：野生型为灰体、长翅（＋＋）；双突变型（double mutant，b vg）为黑体、残翅。

2. 器具和药品

双目解剖镜、放大镜、小镊子、解剖针、麻醉瓶、白瓷板、新毛笔、乙醚、乙醇、培养瓶。

【实验方法】

1. 杂交设计

（1）性状特征。双突变型果蝇表现为黑体、残翅（b vg），无论雌雄，它们的体色比正常野生型黑得多，翅膀几乎没有，只有少量的残痕，因而不能飞，只能爬行。基因都在第二染色体上，b 的座位是 48.5，vg 的座位是 67.0。正常野生型的相对性状是灰体、长翅。

（2）交配方式。若以纯合野生型 ++/++ 为♀，纯合双突变型 b vg/b vg 为♂进行杂交，则 F 的双杂合体是 ++/b vg（相引相），表现型是野生型。取 F_1 的♀性个体与双突变型否性个体回交，得到许多 F_2 子代，其中很多个体都是与原来的亲本相同（即灰体长翅和黑体残翅），称为亲组合类型（parentaltype），同时也出现了少量的与亲本不同的个体（即黑体长翅和灰体残翅），称为重组合类型（recombina-tiontype）。这些重组类型就是 b-vg 间发生交换的结果，如表 8-4 所示：

表 8-4　重组类型

♀	♂			
	$\underline{++}$	$\underline{+\ vg}$	$\underline{b\ +}$	$\underline{b\ vg}$
$\underline{b\ vg}$	$\dfrac{+vg}{b\ vg}$	$\dfrac{b+}{b\ vg}$	$\dfrac{b\ vg}{b\ vg}$	

2. 实验步骤

（1）收集雌性亲本的处女蝇。实验中亲本和 F 代的雌蝇都应该用处女蝇。

（2）准备好培养基，把已麻醉的♀和♂果蝇，按其交配方式分别放入不同培养瓶内进行杂交，贴上标签。

（3）6～7 d 后，见到 F_1 幼虫出现时，可倒出亲本。

（4）再过 3～4 d，检查 F_1 成蝇性状，应该都是野生型（灰身、长翅）。若性状不符，表明实验有差错，不能再进行下去。

（5）选 5～6 只 F_1 处女雌蝇，与双突变型雄蝇进行测交，贴上标签。

（6）6～7 d 后倒出 F_1♀蝇和双突变型♂蝇（倒干净）。

（7）再过 3～4 d，F_2 成蝇出现，麻醉后倒在白瓷板上，按其表现型进行统计，可每隔两天统计一次，连续 6～7 d。将统计结果填入表 8-5：

表 8-5　统计结果

统计日期	子代类型			
	长灰	长黑	残灰	残黑
合计				

【思考题】

（1）为什么亲本和 F_1 代雌蝇均要求处女蝇？如果 F_1 自交，雌蝇是否还要求为处女蝇？

（2）请对结果作统计分析，并做 χ^2 检验。

实验 44　分子标记技术及其遗传多态性分析

【实验目的】

了解分子标记的特点及其在遗传多样性和亲缘关系分析应用中的优势，掌握分子标记的获取技术及其遗传多态性分析方法。

【实验原理】

由于 DNA 分子标记是一种基于生物基因组 DNA 的遗传标记，因此它不受成长环境、发育时期、生物体组织器官的影响，既无表型效应又无上位性，且有丰富的标记结果。采取适当手段，利用 DNA 分子标记技术分析 DNA 多样性，可以获得基因组差异的信息，这种方法如同传统的生化标记、细胞学标记、遗传标记等一样，可用作一种新的分子标记应用，这种方法具有其他遗传标记法不具备的显著优势。

以来源为依据，可将 DNA 常用分子标记划分为三种：一是利用限制性切割与分子杂交技术结合应用得到的标记，如 RFLP，即限制性片段长度多态性 DNA 标记；二是利用 PCR 扩增得到的标记，如 SSR（简单重复序列，也叫微卫星标记）、RAPD（随机扩增多态性 DNA 标记）；三是通过 PCR 扩增与限制性酶切割获得的标记，如 AFLP（扩增长度多态性 DNA 标记）。在真伪鉴定、遗传多态性分析、品种纯度分析、品种分类这几个方面，DNA 分子标记具有以下优势。

（1）准确可靠，成本低。品种分类、品种纯度分析、真伪鉴定一直以来都以形态学标记为依据。在遗传学的角度上，真伪鉴定与品种纯度在实质上是鉴定品种的基因型，仅凭形态学标记显然不够准确。不同品种在 DNA 组成上存在的差异可在不同程度上通过同工酶和蛋白标记的多态性反映出来，但由于酶与蛋白质都属于基因表达加工的产物，因此，仅能将少部分 DNA 分子的多态性以间接方式反映出来。由此而言，只有对品种本身的 DNA 进行直接鉴定，才能最可靠、最准确地反映品种基因型。然而，直接对 DNA 分子进行测序鉴定又十分耗费时间、财力和物力，用这种方式对品种的真伪与纯度鉴定不可取。而 DNA 分子标记技术可在不对 DNA 进行测序的情况下对 DNA 水平上的差异进行鉴定，用这种技术进行品种纯度检验、品种分类、真伪鉴定、遗传多态性分析，就可以花费较低的成本得到可靠、准确的结果。

（2）鉴定品种及遗传多态性分析不受环境因素的影响。DNA 分子标记不受发育阶段、器官、组织特性的影响，可在被测对象任何生长发育阶段完成可靠的取材鉴定，也不受环境影响。DNA 分子标记主要对被测物的碱基序列，它不受环境因素影响，因此，应用分子标记不需要像应用形态标记鉴定一样要排除鉴定周期长、受季节限制等缺点，可在任何时期、任何阶段在实验室中完成检验鉴定。

（3）便于实现自动化。可以完全在实验室环境中用 DNA 分子标记技术进行鉴定，这一点奠定了自动化的基础。PFLP 技术有复杂的操作，但只要得到特征谱带，就可以转成用常规、稳定的 PCR 技术的鉴定；AFLP 标记与 RAPD 标记也可以在达到一定条件后，转变成 PCR 技术进行分子标记，只要转变成基于 PCR 的基础标记，就可能实现后续鉴定与分析过程的自动化。

（4）可鉴定表型难以鉴别的品种。无论是前面提到的 RAPD、AFLP、RFLP，还是其他分子标记技术，都有庞大的数量基础。酶 / 探针、RFLP 标记技术几乎可以无限组合，由此可以挖掘出无限的随机克隆探针，如可鉴定侧翼序列的探针、鉴定重复序列的探针、鉴定沉默变异的探针等。DNA 分子标记除了数量大这一优点之外，还有多态性水平高的优点，可利用该技术对不同品种在基因型上的细微差异进行鉴别，甚至能将形态标记难以鉴别的品种鉴别出来。

除上面所讲的分子标记类型外，还有许多类型，如 VNTR（variable number tandem repeat）、CAS（coupled amplification and sequencing）、OP（oligomer polymorphism）、卫星 DNA SSR（simple sequence repeat）（又称微卫星 DNA，microsa-tellite DNA）、小卫星 DNA（minisatellite DNA）、简单重复序列间扩增（ISSR）等。

【实验用品】

1.材料

选取 8～10 个不同类型的家蚕品种，其中中国系统 3～4 个，日本系统 3～4 个，热带系统 2 个。

2. 器具。移液器（Nichiryo，Japan）、隔水式电热恒温培养箱、台式高速离心机（TGL.16G 型）、电泳仪 100 v/50 v（Advance Co.Ltd, Japan）、PTC-100TM 型 PCR 仪（MJ Research, INC）、GeneAmpPCR 系统 9600、SmartSpeeTM3000 型分光光度计（Bio-Rad 公司）、研钵。

3. 药品

液氮、DNA 抽提缓冲液、蛋白酶 K、平衡酚、氯仿、无水乙醇、70% 的乙醇、RNA 酶、Taq 酶、dNTPs、琼脂糖、TAE 电泳缓冲液。

【实验方法】

1. DNA 的提取

分别以各品种幼虫五龄 3 d 的丝腺或各品种化蛹后 3～4 d 的蛹为提取基因组 DNA 的材料。按以下步骤提取各品种的基因组 DNA：

（1）将丝腺或蚕蛹放入预冷的研钵中，加入液氮快速磨成粉末。

（2）加入抽提缓冲液（1.5 mL），混匀后，将匀浆液转移至 5.0 mL 离心管中，加入蛋白酶 K 至终质量浓度 100 μg/mL，50 ℃下消化过夜。

（3）加入等体积平衡酚，温和振荡，摇匀 20 min 左右，重复此过程一次。

（4）以 5 000 r/min 的转速离心，用上层水相转移至另一洁净的离心管中。

（5）用等体积的酚：氯仿（1∶1）抽提一次。

（6）以 5 000 r/min 的转速离心，收集上清液，转移至一洁净的离心管中。

（7）再用等体积的氯仿抽提一次。

（8）收集上清液加入 2 倍体积的 −20 ℃无水乙醇沉淀 DNA，沉淀用 70% 乙醇洗涤 2 次，室温下放置干燥。

（9）加 TE（pH 8.0）使 DNA 完全溶解。

（10）加入 RNA 酶至终质量浓度 50 μg/mL，37 ℃下保温 4 h。

（11）重复步骤（4）~（10），获得 DNA，−70 ℃下保存备用。

（12）基因组 DNA 的质量浓度和纯度测定。

2. PCR 扩增（RAPD）多态性标记的获得

以各品种 DNA 为模板，RAPD 扩增反应参照 Williams（1990）和夏庆友（1996）的方法稍加调整，RAPD 反应体系（25 μL）含有 100 mmol/L Tris-HCl pH（1996）的方

法稍加调整，RAPD 反应体系（25 μL）含有 100 mmol/L Tris−HCl pH 8.3，500 mmol/L KCL，1% 的 TritonX−100，2.0 mmol/L 的 $MgCl_2$，dATP、dTTP、dCTP 和 dGTP 各 0.2 mmol/L，随机引物 0.2 μmol/L，15 ng 模板 DNA，1UTagDNA 聚合酶，反应扩增条件 94 ℃ 变性 30 s，40 ℃ 退火 60 s，72 ℃ 延伸 90 s，35 个循环之后接着 72 ℃ 7 min 或 94 ℃ 45 s，37 ℃ 1 min，72 ℃ 2.5 min，72 ℃ 10 min，扩增产物用 1.5 % 的琼脂糖凝胶检测分析。

3.RAPD 多态性标记统计调查

根据电泳检测，有扩展带记为 "1"，无扩增带记为 "0"。

4.品种特异性及遗传多态性分析

对不同品种所具备的特异性标记以及其与其他品种相区别的标记进行分析；可采用相关方面的分析软件，如 Treecom 分析软件等，对各品种间存在的遗传距离进行计算，并按照计算结果绘制系统聚类图。利用 RAPD 标记不同品种家蚕的多态性绘制的聚类分析如图 8−1。

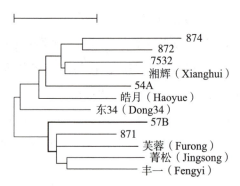

图 8-1　不同品种家蚕 RAPD 标记多态性聚类分析图

【思考题】

（1）影响 PCR 扩增的因素有哪些？

（2）不同分析方法对分析结果有何影响？

（3）标记数的多少对分析结果有无影响？

实验 45　DNA 限制性内切酶图谱构建与分析

【实验目的】

通过学生自主进行实验方案与步骤的设计，完成 DNA 片段扩增，并构建限制酶酶切图谱，由此对 DNA 限制性内切酶的用途进行进一步了解；要求学生掌握酶切实验体系，掌握用限制性内切酶构建大片段 DNA 图谱的技术与原理。

【实验原理】

限制性内切酶作为一种 DNA 水解酶，可以识别双链 DNA 分子中特异核苷酸序列，这类酶的发现与应用，在很大程度上推动了基于 DNA 重组的基因工程技术迅速发展。在 DNA 序列的体外剪切并将其制成目的片段的操作上，限制性内切酶发挥着重要作用，此外，限制性内切酶在核苷酸序列的测定、探针的制备、基因文库的构建、基因片段的充足、分子标记、基因物理图谱的绘制、Southern 和 Northern 杂交、重组子的筛选、基因拷贝数等的测定中都发挥了不可缺少的作用。基于限制性内切酶的各种限制性内切酶片段长度多态性分析，对分类学、分子遗传学等学科的发展与应用都提供了巨大支持。

本综合实验包括获得目的片段和构建酶切图谱两部分内容。进行大片段 DNA 测序时，应先构建酶切图谱，将片段之间存在的顺序关系明确下来；测序后，应以片段相互之间的位置关系为依据，构建相应的碱基序列图谱。用限制性内切酶对双链 DNA 的特定位点进行识别与切割，将其分割成不同大小的片段。需要注意的是，单酶切切割，会随机形成不同数量和大小的片段，切割得到的片段之间的邻近连接关系无法确定；而双酶切切割所得的片段，可以通过对比其大小关系，找出片段之间的位置关系，由此建立酶切片段图谱。如果片段酶切的对象是如质粒等环状 DNA，切割片段数目与酶切位点数相等；如果切割对象是线性 DNA，则获得片段的数目为酶切位点数 $n+1$。识别 6nt 序列的内切酶，理论上每 526 个碱基一个切点，所以酶切片段所切出的片段数目与目的片段长短和碱基序列有关。

【实验用品】

1. 材料

可以是 DNA、各种质粒 DNA 或扩增产物。

2. 仪器

离心机、恒温水浴箱、取液器、电泳仪、电泳槽、紫外观测仪。

3. 试剂

*Eco*R Ⅰ、*Hind* Ⅲ、λDNA/HindII 及入 DNA/*Eco* R Ⅰ、标准质粒（或其他 DNA 样品）（质量浓度 >0.5 μg/pL）、TAE 缓冲液。

【实验方法】

1. *Eco*R Ⅰ、*Hind* Ⅲ单酶切

（1）取 2 支洁净、灭菌的新 Eppendof 管 A、B，分别按表 8-6 加入各种试剂：

表 8-6　试剂表

试剂	A 管 / μL	B 管 / μL
灭菌水	13	13
*Eco*R Ⅰ缓冲液	2	—
Hind Ⅲ缓冲液	—	2
λDNA (或质粒 DNA)	4	4
*Eco*R Ⅰ	1	—
Hind Ⅲ	—	1
总体积	20	20

（2）37 ℃下保温 2 ~ 4 h。

（3）保温结束后，65 ~ 70 ℃下 10 min 灭活酶（如为热稳定性酶，则用氯仿抽提）。

（4）取 4 μL 左右的反应液加入 0.5 μL 电泳加样缓冲液进行电泳。

2. *Eco*R Ⅰ、*Hind* Ⅲ双酶切

（1）取一支洁净、灭菌的 Eppendof 管，按表 8-7 加入各种试剂：

表 8-7　试剂表

加入试剂	体积 /μL
灭菌水	12
MULT buffer	2
λDNA（或质粒 DNA）	4
EcoR Ⅰ	1
Hind Ⅲ	1
总体积	20

（2）37 ℃下保温 1 ～ 2 h。

（3）保温结束后，65 ～ 70 ℃ 10 min 灭活酶（如为热稳定性酶，则用氯仿抽提）。

（4）取 20 μL 左右的反应液加入 4 μL 电泳加样缓冲液进行电泳。

【注意事项】

（1）样品加入次序为水、缓冲液、DNA，最后为酶，不能颠倒。

（2）加酶步骤要在冰浴中进行，在加酶前应先将水、缓冲液及待切 DNA 混匀。

（3）反应体积中水的量要尽量少，即反应体系的体积要尽量少，一般水解 0.2 ～ 1.0 μg 模板 DNA 时，应将体积控制在 20 ～ 30 μL，但要保证所加酶的体积不高于总体积的 1/10，因为限制性内切酶是保存于 50% 甘油中的，如加酶体积高于总体积的 1/10，则反应液中甘油浓度将大于 5%，而此浓度将抑制内切酶活性。

（4）为了促进反应进行和控制反应体积，要求使用高浓度的模板 DNA，否则会引发酶反应动力学改变，导致酶解效果降低，这样就必须要增加反应体积来达到预期效果。可将 DNA 保存在 TE 缓冲液中来提升储藏 DNA 的稳定性。如果在反应体系中加入了过多的模板 DNA 溶液，就会导致反应体系中 EDTA 浓度增高，从而抑制酶的作用；相反，如果底物 DNA 浓度过低，则应进行浓缩处理。

【思考题】

（1）除了双酶切作图方法外，是否还可以采用单酶切作图？

（2）酶切作图有什么应用价值？

🔬 实验46 模拟选择对基因频率的影响

【实验目的】

通过对自然选择进行人工模拟，帮助学生了解基因频率受自然选择的影响，以此从本质上加深学生对进化的理解。

【实验原理】

从本质上看，自然选择就是基因型差别复制，结果使一部分带有某些基因型的个体比其他不带有这些基因型的个体容易留下更多后代。这种选择对群体中不同基因型个体的相对比例具有决定性影响，因此一般用适合度（W）代表把基因传给后代的相对能力和某个基因型个体的存活能力。选择强度用选择系数（selective coefficient）描述，记作 s。选择系数是基于选择作用的影响下降低的适合度，即 $s = 1-W$，$W = 1-s$。

设显性基因频率 p，选择系数 s，则基因频率 p 的改变是：

$$\Delta p = -sp(1-p)^2 / [1-sp(2-p)]$$

如 s 很小，$\Delta p = -sp(1-p)$

选择对基因频率的作用结果是，一代的自然选择后，a 的频率不再是 q，而为 q'，即

$$q' = (q-sq^2)/(1-sq^2)$$

则 $\Delta q = -sq^2(1-q)/(1-sq^2)$。

当 q 很 h，分母近似为 1，则

$$\Delta q = -sq^2(1-q)$$

（1）选择对隐性纯合体不利。选择的有效程度也与显性程度有关。如群体中有 AA、Aa、aa，如显性完全，AA 与 Aa 表型一样，选择只对 aa 起作用。隐性纯合体是有害的，选择上不利，经过一代自然选择，a 的频率不是 q，而是

$$q(1-sq)/(1-sq^2) < q$$

基因频率 q 的改变是 $\Delta q = -sq^2(1-q)/(1-sq^2)$。

当 q 很 h 分母近似等于 1，$\Delta q = -sq^2(1-q)$。

（2）选择对显性基因不利。选择并不一定全都有利于显性基因，这样的选择更能影响生物，这是因为携带显性基因的个体都得到了选择的机会。例如，如果某生物个体所携带的显性基因中含有致死因素，那么一代内其发挥作用的频率就等于 0。如果降低其显性基因的选择系数，该基因被隐性基因取代的速度就会发生大幅减缓。设显性基因频率为 p，选择系数为 s，则基因频率 p 的改变是

$$\Delta p = -sp(1-p)^2 / [1-sp(2-p)]$$

如果 s 很小，则 $\Delta p = -sp(1-p)^2$。

【实验方法】

对果蝇正常翅、残翅等位基因的选择（说明：本实验可与果蝇杂交实验结合起来实施）。

（1）选用两个纯合基因的果蝇群体，这两个群体分别为正常翅群体与残翅群体。从这两个群体中分别选取 20 只雄果蝇与雌处女蝇，将其全部放入一个较大的培养瓶中，在 25 ℃ 的培养箱中培养。将两种不同翅膀类型的亲本数量记录下来，在培养到达一定阶段后，将该群体中两种翅膀基因的频率分别计算出来。

（2）在发现培养瓶中出现蛹或者幼虫时，应立即处死亲本，避免发生回交。在出现 F_1 个体后，应先对其表型进行观察，将其中正常翅与残翅的数量分别记录下来。

（3）处死 F_1 群体中出现的全部残翅个体。在 F_1 中选出正常翅的雌雄果蝇各 20 只，放入到一个新培养瓶中（即 $F_1 \times F_1$，本次培养不需要选择处女蝇），继续培养出 F_2，并对 F_2 中两种翅膀类型的果蝇只数记录下来。

（4）处死 F_2 群体中的全部残翅个体，分别从 F_2 中选出正常翅的雌雄果蝇各 20 只，配成 $F_2 \times F_2$ 的阵容，放入新的培养瓶中继续培养，对 F_3 中两种翅膀类型的果蝇只数进行记录。

（5）进行与（4）同样的实验步骤，直至记录到 F_4、F_5。

（6）计算基因频率和基因型频率，将数据填入表 8-8。

表 8-8 基因型频率和基因频率统计

	正常翅	残翅	正常翅（p）	残翅（q）
P				
F_1				
F_2				
F_3				
F_4				
F_5				
……				

【思考题】

（1）实验结果是否满足平衡公式？

（2）此设计思路模拟了怎样的选择影响？有什么样的缺陷？如何弥补？应如何改进？

第 9 章　细胞工程基础实验

实验 47　鸡血细胞的体外融合

【实验目的】

了解聚乙二醇（PEG）诱导体外细胞融合的基本原理。

通过 PEG 诱导鸡血细胞之间的融合实验，初步掌握细胞融合的基本方法。

【实验原理】

细胞融合也叫体细胞杂交，指通过人工方法将两个或两个以上的体细胞相互融合起来，合成异核体细胞。之后，异核体细胞同步进行有丝分裂，其间核膜崩溃，两个亲本细胞中的基因重新组合起来，形成一个杂种细胞，它只有一个细胞核。细胞融合技术是生物研究中的重要手段，主要应用于对细胞免疫、基因定位、肿瘤、病毒、细胞遗传等内容。在细胞融合过程中，依据所应用的不同的助融剂，可将细胞融合划分为四种：一是如仙台病毒的病毒诱导的细胞融合，二是激光诱导的细胞融合，三是如聚乙二醇等化学因子诱导的细胞融合，四是电场诱导的细胞融合。

PEG 是乙二醇的多聚化合物，其中包含多种分子质量不同的多聚体。PEG 可以使各类细胞的膜结构发生改变，使两个地保的接触点发生脂质分子的重组与疏散，促进细胞间发生融合。这种方法使用的 PEG 溶液有 400 ～ 6 000 的相对分子质量，可引发细胞间进行粘连、聚集和高频融合。PEG 的分子质量、作用时间、溶液浓度、细胞的密度与生理状态等，都与细胞间融合的活力与频率有关。

【实验用品】

1. 器材

注射器、刻度离心管、离心机、血细胞计数板、水浴锅、滴管、显微镜、烧杯、容量瓶、凹面载玻片、盖玻片、酒精灯等。

2. 试剂

（1）0.85%NaCl 溶液。

（2）GKN 液：8.0 g NaCl，0.4 g KCl，1.77 g NaHPO$_4$·2H$_2$O，0.69 g NaH$_2$PO$_4$·H$_2$O，2.0 g 葡萄糖，0.01 g 酚红，溶于 1 000 mL 重蒸水中。

（3）50%（质量分数）PEG 溶液：

①取 50 g PEG（相对分子质量＝4 000）放入 100 mL 瓶中，高压灭菌 20 min。

②让 PEG 冷却至 50～60 ℃，勿让其凝固。

③加入 50 mL 预热至 50 ℃ 的 GKN 液，混匀，置 37 ℃ 备用。

（4）Hanks 原液（10×）：

NaCl	80.0 g
Na$_2$HPO$_4$·12H$_2$O	1.2 g
KCl	4.0 g
KH$_2$PO$_4$	0.6 g
MgSO$_4$·7H$_2$O	2.0 g
葡萄糖	10.0 g
CaCl$_2$	1.4 g

①称取 1.4 g 的 CaCl$_2$，融于 30～50 mL 的重蒸水中。

②取 1 000 mL 的烧杯及容量瓶各一个，先放重蒸水 800 mL 于烧杯中，然后按上述配方顺序，逐一称取药品。必须在前一药品完全溶解后，方可加入下一药品，直到葡萄糖完全溶解后，再将已溶解的 CaCl$_2$ 溶液加入。最后加水至 1 000 mL

（5）Hanks 液：

Hanks 原液	100 mL
重蒸水	896 mL
0.5% 酚红	4 mL

配好的 Hanks 液，分装包扎好贴上标签，经过灭菌后，4 ℃ 保存。

（6）詹纳斯绿染液。

3. 材料

成年家鸡。

【实验方法】

1. 鸡血细胞的获取

从家鸡的翼根静脉用注射器采血，注入试管后，迅速加入肝素（100 U 肝素 /5 mL 全血）混合，制成抗凝全血。

2. 鸡血细胞储备液的制备

在抗凝全血的试管中，加入 4 倍体积分数为 0.85% $CaCl_2$ 溶液，制成红细胞储备液，置于 4 ℃ 冰箱内可供一周内使用。

3. 鸡血细胞悬液的制备

取鸡血细胞储备液 1 mL，加入 4 mL 0.85% $CaCl_2$ 溶液，混匀后，1 200 r/min 离心 5 min，弃上清液，再加入 5 ml 0.85% $CaCl_2$ 溶液按上述条件离心一次。最后，弃去上清液，加入 10 mL GKN 溶液制成鸡血细胞悬液。

4. 计数

取 0.5 mL 鸡血细胞悬液，加 3.5 mL 的 GKN 溶液进行稀释，在血细胞计数板上计数。若细胞浓度过大，用 GKN 溶液稀释至 1×10^7 个 /mL 左右。

5. 鸡血细胞的收集

吸取 1 mL 鸡血细胞悬液放入离心管中，加入 4 mL Hanks 液混匀，1 000 r/min 离心 5 min。弃去上清液，用手指轻弹离心管底部，使沉淀的血细胞团块松散。

6. PEG 诱导细胞融合

吸取 0.5 mL 37 ℃ 的 50%PEG 溶液，慢慢沿着离心管壁逐滴加入，边加边轻摇离心管，使 PEG 与细胞混匀，然后在 37 ℃ 水浴中静置 10 min，间时轻摇离心管。

7. 终止 PEG 作用

缓慢加入 5 mL Hanks 液，轻轻吹打混匀，于 37 ℃ 水浴中静置 5 min。

8. 制备细胞悬液

用吸管轻轻吹打细胞团块数次使细胞团分散，1 000 r/min 离心 5 min，使细胞完全沉降。弃去上清液，加 Hanks 液，再离心一次，弃多量上清液，留少许溶液，混匀。

9.染色和镜检

吸取细胞悬液，在凹面载玻片上滴一滴，加入詹纳斯绿染液混匀，染色 3 min 后盖上盖玻片，在显微镜下观察细胞融合情况。

10.计算细胞融合率

在显微镜视野内，已经融合的细胞的细胞核数量占据该视野中包括已融合细胞在内的全部细胞的细胞核总数的比值（用百分比表示），就是细胞融合率。细胞融合率的数值需要测定多个视野后统计分析得出结果。

【思考题】

（1）画出观察到的融合细胞，并计算其融合率。

（2）试说明细胞融合的关键。

实验 48　细胞电融合

【实验目的】

本实验要求学生在对电融合原理有一定了解的基础上，掌握电融合过程的操作方法和制备各种细胞悬液的方法。微生物或植物去壁后的原生质体与动物的游离细胞，都会在电的刺激下发生融合，电融合的方法具有操作简便、无毒性、融合率高、融合后继续培养细胞成活率高等优点。

【实验原理】

将制备的原生质体或游离细胞放在电融合室中，通过高频交流电场的作用将细胞极化成偶极子，使细胞之间相互连接，对实验条件进行适当控制，使两个细胞处于点接触状态，之后用方波脉冲向其施加刺激，受电脉冲瞬间作用的影响，两个细胞接触点位置的质膜会被击破，质膜的脂类分子重组，与此同时，在细胞表面张力的作用下，两个细胞逐步完成融合过程。

【实验用品】

1. 器材

JCF-7 细胞电融合仪、细胞融合池、普通离心机、倒置显微镜、刻度离心管、不锈钢网（200 目）、镊子、解剖刀、解剖剪、注射器、毛细吸管、刻度吸管、小烧杯（10 mL）、滴瓶、培养皿、毛笔等。

2. 试剂

甘露醇、蔗糖、氯化钠、纤维素酶（Onozura R-10）、离析酶（Macerozyme R-10）、蜗牛酶、$CaCl_2 \cdot 2H_2O$、MES（2-N- 吗啉乙烷磺酸）、葡聚糖硫酸钾等。

3. 材料

植物材料：甜菜、烟草或菠菜等。

动物材料：鸡或人等的红细胞、白细胞、骨髓瘤或腹水瘤等各种瘤细胞。

【实验方法】

如果仅以掌握电融合方法和观察细胞电融合过程为目的，可在有菌条件下进行本实验中的所有步骤与操作。

1. 植物原生质体的制备

（1）取充分展开的子叶或幼嫩的叶片，先用水将其清洗干净，再将表面的水分吸去，最后将叶片剪成碎片，放入小烧杯中。

（2）将碎块放入 1.5% 纤维素酶、0.3% 离析酶、0.5% 蜗牛酶、0.6 mol/L 甘露醇、5 mmol/L $CaCl_2 \cdot 2H_2O$、MES 3 mmol/L、葡聚糖硫酸钾 0.3%，pH 为 5.6 的酶液中，置于 25 ℃ 暗处游离 5 h（或 15 ℃ 过夜），游离时间结束时，可镜检原生质体分离情况，如果大多数原生质体还未从组织中释放出来，需增加在酶液中的游离时间。新出厂的酶在 5 h 内一般就可将原生质体游离出来，但如因药品质量问题或存放时间过长，致使酶活力下降，要适当延长酶解时间。

（3）将酶解出来的原生质体用不锈钢网过滤，以除去未被酶解的组织，过滤后再用 0.6 mol/L 的蔗糖冲洗网上残留的原生质体，然后以 200 r/min 离心处理 5 min。

（4）用带长针头的注射器吸去上清液，然后加入 1 ～ 1.5 mL，0.2 mol/L 的 $CaCl_2 \cdot 2H_2O$，将原生质体混匀。

（5）用细头滴管或带长针头的注射器向管底慢慢注入 20% 的蔗糖液，再以 300 r/min

离心 10 min，此时可见到在上下两液体间的界面处有一层乳白质的带状物，即为纯净的原生质体，其破碎的部分及其他杂质都沉降到离心管底部，用长针头注射器或毛细吸管分别吸去管底的杂质和蔗糖液以及原生质体上层的 $CaCl_2$ 液。

（6）向离心管加入 2 mL 0.2 mol/L 的 $CaCl_2 \cdot 2H_2O$ 溶液，混匀后以 300 r/min 离心 5 min，去掉上清液，最后用 0.6 mol/L 的甘露醇溶液稀释并调整每毫升含 5×10^4 个原生质体。

2. 动物细胞的制备

用灭菌的注射器先吸入 ALsver 液（葡萄糖 2.05 g，枸橼酸钠 0.8 g，NaCl 0.42 g，加重蒸水至 100 mL）1 mL，再从鸡的翼下静脉取血 0.5～1.0 mL，取出后放入刻度离心管中，再加入 2～3 mL ALsver 液，使总量为 4～5 mL，混匀并封口，置于 4 ℃ 冰箱内可供一周内使用，实验时取贮备的鸡血细胞 1 mL，加入 4 mL 0.85% 生理盐水，混匀后以 1 200 r/min 离心 5 min，去上清液后，再加入 0.6 mol/L 的甘露醇液（或 0.6 mol/L 蔗糖溶液），混匀后以上述离心条件洗涤两次，最后用 0.6 mol/L 的甘露醇液将鸡细胞稀释并调整成每毫升含 2×10^5 个。

如粗体不过传代培养的骨髓瘤或腹水瘤细胞，可先用 0.9% 的生理盐水洗涤两次，离心速度为 800～1 000 r/min，每次 5 min，再用 0.6 mol/L 的甘露醇或蔗糖液洗涤两次，每次 600～800 r/min，离心 5 min，最后用甘露醇调整成每毫升含瘤细胞 1×10^5 个。

3. 细胞电融合方法

（1）仪器结构和使用方法。JCF-7 型细胞电融合仪的各项技术参数是通过大量的融合实验数据，并参考岛津公司（日）SSHI 电融合装置的参数值而设计的（图 9-1）。当打开电源，指示灯亮，并拨通输出开关和正弦输出开关，再选择和按下正弦频率按键（共分为 0.6 Hz、0.88 Hz、1 MHz、1.3 MHz、1.5 MHz 五档），此时连接示波器与输出电缆，示波器上会立即显示高频正弦波形；对正弦幅度旋钮左右旋转，正弦电压的 p-p 值也会随之发生相应的增长和降低的变化；如果连接电融合室与输出电缆，就会使细胞之间相互连接，这时再使正弦幅度（也就是正弦电压）旋钮进行旋动，仪器电压表指针就会随之发生相应的升高或降低变化。如果正弦电压值过高，细胞就会以较快的速度连接起来，呈串珠状，这样不利于细胞间的融合。

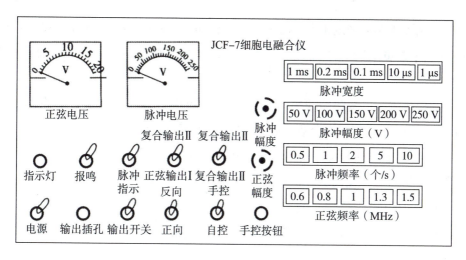

图 9-1 电融合装置的参数值设计

将正弦输出开关扳至"复合输出"档，根据所需功率大小选择复合输出Ⅰ挡或Ⅱ挡，Ⅰ挡为低功率Ⅱ挡，为高功率；再根据实验要求，选择并按下你所需要的"脉冲宽度"按键（分 1 ms、0.2 ms、0.1 ms、10 μs、1 μs 五档）和"脉冲幅度"按键（分 50 V、100 V、150 V、200 V、250 V 五档），还配有脉冲幅度旋钮（细调），调整范围 0～50 V，可使每档增值 50 V。

施加脉冲刺激可分为"自控"和"手控"两档，当使用"自控"输出脉冲时，先将开关扳向"自控"档，然后根据需要选择并按下"脉冲频率按键（分为 2 s 1 次及每秒 1 次、2 次、5 次、10 次共五档），即可自动发送电脉冲；如果将开关扳至"手控"档，需按动"手控"按钮，每按动一次发送一个脉冲。无论采用手控输出的方式，还是采用自控输出的方式，每个脉冲输出都会相伴发出报鸣音响。连接脉冲示波器与输出端，就能观察到相应的示波图像，该图像包含脉冲幅度、间隔、宽度三个要素，改变上述相关参数，该图像就会发生变化。将仪器的开关扳向反向，就会形成负脉冲，保持脉冲的幅度与脉宽等不变，就会产生与正脉冲图像相同，但方向相反、上下对称的图像。连接电融合室的两电极与电缆输出端，并按上述要求向其中输入一定的方波脉冲，用电刺激细胞，就可以使其融合。

（2）电融合操作。

①开启电源，关闭"输出开关"，将开关扳向正弦输出档，此时可根据实验需要，将正弦频率选择在 1.0～1.3 MHz，脉冲宽度为 0.1 ms 或 10 μs，脉冲幅度为 150 V，脉冲频率为 1 次 /s，并依次按下标定按键，最后调整正弦电压（即正弦幅度）旋钮，使电压表处于 5～10 V 处。

②将电融合池内两电极距离调整成 1.0～1.5 mm，并用毛细吸管吸取制备的原生质体悬液 0.1～0.2 mL 置于融合池中，盖上盖片，注意在融合池中，特别是在两电极间不能容有气泡。

③将融合池放在显微镜的载物台上，接通仪器的输出电缆与两电极的输出端，然后用低倍镜（10×10）观察在融合池中央，从中找出两电极之间的焦面，之后对原生质体进行观察，可以看到其平均分布在融合池中，且互不接触。

④打开输出开关，受高频交流电场的影响，原生质体迅速按照电极垂直方向排列。对正弦电压的数值进行控制，可通过加强正弦电压加快原生质体之间的接触速度；反过来，则可通过降低正弦电压来降低原生质体之间的接触速度，避免原生质体快速相互接触连接成串珠状。

⑤用 10×40 的高倍镜观察两个相互接触的原生质体，将开关扳向复合输出，调节开关到"自动"档，由此就能按照给定频率进行连续脉冲的输出，会有报鸣音响伴随每个脉冲共同发出来，每一次脉冲刺激都会使两个原生质体发生轻微颤动（可在视野中观察到），当连续发出脉冲刺激达到 5～10 个后，可在约 30 s 内观察到这样的现象：两原生质体接触点位置的质膜被击破，开始融合，再经过 7～10 min 或者更长时间后，原生质体逐步融合，两个细胞结合形成一个圆球形时，融合过程完成。这时可以发现，有的细胞已经完成了融合过程，而有的过程仍处于融合过程中，所以，会有呈卵圆形、长圆形甚至哑铃状的两原生质体形成。

【思考题】

（1）绘图表示所观察到的融合细胞。
（2）请写出细胞电融合的注意事项。
（3）说明细胞电融合的原理。

实验 49　细胞电泳

【实验目的】

当介质浓度、温度、pH、电流强度、电压等恒定的情况下，每种细胞都有十分稳定

的 ζ 电位与电泳速度，但受病理状态与有害因子的影响，细胞表面携带的电荷会降低，由此，其 ζ 电位值与电泳速度也会随之降低。因此，采取细胞电泳手段对生命结构的表面性质进行研究，对单细胞有机体或细胞有机体的病理状态和机能的鉴定具有重要意义。

【实验原理】

在电场作用下，液体介质中带电悬浮质点与介质间的相对运动，称为电泳。

对将细胞制备成悬浮溶液，使其单个游离的细胞分散于等渗的介质中，在电场作用下，细胞在电泳室内发生运动，这种现象称为细胞电泳。

【实验用品】

1. 器材

SD 型细胞电泳仪一台、普通光学显微镜 1 架、计算器 1 个、血细胞计数器 1 套、网格目镜测微尺（又称网格目微尺）1 只（规格 1/2 mm），物镜测微尺（又称台微尺）1 只、细胞电泳架 1 个（与电泳仪配套）、电泳毛细管 1 支、采血量管 1 支、样品管（2 mL；小试管）1 支、1 mL 吸管 1 支、5 mL 注射器 1 支、50 mL 烧杯 1 个、解剖刀、剪、镊各一把。

2. 试剂

氯化钠、氯化钾、琼脂（或琼脂粉）、蔗糖、肝素、无水乙醇、液体石蜡等。

3. 材料

红细胞、植物的原生质体。

【实验方法】

1. 细胞介质的制备

根据实验需要，可选配以下各种介质：

（1）生理盐水肝素液：在生理盐水中（质量分数为 0.9% 的 NaCl 液）按每毫升加入 4～5 IU（国际单位）的肝素，混匀后备用。

（2）8% 蔗糖肝素液：在质量分数为 8% 的蔗糖中，加入上述（1）含量的肝素，混匀后备用。

（3）50% 血清液：用生理盐水将离心后提取的同种动物的血清配制成 50% 的介质。因血清中含有抗凝物质，在制备此液后不须再加入其他抗凝剂。

在作原生质体，叶绿体的电泳实验时，最好采用质量分数为 6%～8% 的甘露醇或山

梨醇作介质，配好后不需再加入其他试剂。

2. 样品的制备

根据实验对象选择所需介质 1 mL，再用采血量管或微型移液器吸取浓缩细胞 10 mm³，加入上述介质中，混匀待用作红细胞电泳，可直接吸取全血 10 mm³，加入所选择的介质中，混匀后即可使用。

做原生质体电泳时，可用血细胞计数器控制在每立方毫米含 20～30 个为宜。

3. 盐桥的制备

称取 9 g 氯化钾加蒸馏水至 100 mL（即质量分数为 9% 的 KCl 液），溶解后加入 0.48 g 琼脂或琼脂粉加热溶化，在加热时不断用玻璃棒搅动，直至全部溶化为止，此时将长 1.5 cm 的塑料管插入溶液内，使管腔内全部被溶液充满，不得留有气栓。在常温下冷却 4 h 以上，然后取出灌满琼脂胶的塑料管（即盐桥），轻轻揩去外壁的胶液，放入盛 9% KCl 液的广口瓶中，4～5 周内都可使用。

4. 网格目镜测微尺的校正

向目镜的孔径光栏位置安装网格目镜测微尺，在显微镜载物台夹上放置物镜测微尺，旋转目镜对台位置进行适当调整，使网格目镜测微尺一段的纵线与物镜测微尺的刻度线重合或平行，然后确定被一定数量网格目微尺刻度数所包含的物镜台微尺的刻度数，根据下式进行计算：

$$X = \frac{na}{m}$$

式中，X 为每网格的刻度值（mm 或 μm）；a 为物镜测微尺的刻度值（通常为 0.01 mm）；n 为物镜测微尺的刻度数；m 为网格目微尺刻度数。

测量时应注意以下事项：

（1）应通过显微镜视野测量网格目微尺刻度值，偏离边缘时会因为像差的产生导致测量结果不准确。

（2）进行校正的放大倍数应足以保证能够进行实验观察。普通直径 4～8 μm 的细胞可选择放大 40 倍的物镜进行测量；原生质体可选择放大 100 倍的物镜进行测量。

5. 毛细管电泳室的制备和测量层的选择

可按照长度为 6 cm，外径为 1.00～1.32 mm 的规格，自己特制玻璃毛细管电泳室进行课程实验。实验时，应将物镜焦面与管腔内的中央轴线对准，受电场作用，细胞会发生电泳现象，此时可进行观察与测量。对处于不同介质中、不同状况的细胞的电泳速度进行测量，了解其差异，可计算出细胞 ζ 电位与迁移率，达到理想的实验效果。

以流体力学原理为依据，使液体在管腔内流动，由于流体在管壁内流动时会受到摩擦力与其吸附力的影响，质点在管腔内不同深度的运动会有不同的速度，在管腔的中心处运动速度最快，紧贴管壁处运动速度最慢，如图 9-2 所示。

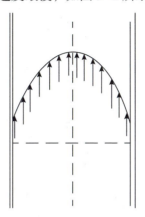

图 9-2　腔内不同深度的质点的运动速度

按图 9-2 所示，处在电泳室管腔内同一截面的带电质点，在电场作用下，处于液体的不同深度在单位时间内其运动速度是不一样的，速度与深度的变化呈抛物线关系。

根据实验测定，管腔内不同部位质点运动的速度与深度间为指数函数关系。

即

$$f(x) = ax^2$$

式中，$f(x)$ 为自同截面起始在单位时间内质点运动的距离；a 为常量，表示测量深度梯度的等分数（n）的第一级速度，即靠近管壁的速度；x 为等分数（n）的各级序列数值。

综上可知，在测量细胞的电泳速度时，由于质点在毛细管内深度不同的位置进行运动的速度存在线性差异关系，因此当有相对稳定的电流强度、温度、pH、黏度、细胞浓度、电压等时，必须在深度固定的情况下测量。

测量层指的就是物镜对应焦面的观察层，其范围应选择为靠近观察壁一侧的毛细管直径 1/6 ～ 1/4 范围内；应保持每次实验始终保持测量深度相同，即始终在固定测量层中测量，这是因为深度的变化会导致电泳速度的差异。

6. 测量层的测定

在二壁间距离为 d，画有刻度线的毛细管内进行测量，选择刻度的 1/6 至 1/4 深度处为测量层。其测量方法是：用显微镜的低倍物镜（10×），先把细调焦旋钮的指示箭头对准刻度盘的"0"处，然后慢慢调整粗调焦旋钮把焦面对准靠观察壁一侧的划线处，这时再旋转细调，使焦面逐渐向管腔内延伸，直至观察到对面壁的划线时（视划线清楚为止），记下细调旋转的圈数和最后不满一圈的刻度数，即可算出从靠近物镜划线的焦面至对面划线焦面间物镜镜头向前延伸的距离，此即为电泳毛细管管腔的直径 d，根据 d 的数值，可算出 $1/6 \sim 1/4$ 的深度，并按以上操作方法，将测量层固定在选定的深度。

7. 电泳速度的测定

（1）根据所需的输入电源，将仪器背面的电源选择钮"流直流"，拨至所需要的位置。

（2）接通电源，打开电源开关，指示灯亮。

（3）插入直流输出引线，注意请勿使电极夹的正负电极短路，以免损坏仪器。

（4）将调整开关拨至"工作"档，换向开关拨至"正"，然后调节"电压调节"旋钮，使电压为 40 V，此时再将开关拨至"停止"档。

（5）将制备的样品注满毛细管电泳室，其灌注方法为：

①将毛细管斜插入被测样品中，由于毛细作用，整个管腔充满了被测细胞悬液。

②也可利用橡皮头的吸吮作用将样品灌满毛细管电泳室。将注满样品的毛细管水平移至电泳架上，并夹紧，然后利用盐桥将毛细管与银电极接通。

（6）将电泳架移至显微镜载物台上，调整焦距，使焦面落在管腔内选择的位置。

为了操作迅速，避免因测量时间过长引起细胞沉降，可事先做好空白调试，定出电泳架在载物台上的位置及毛细管内壁刻度线的焦距。

（7）通过直流输出引线端的电极夹，分别与左右二电极接通。

（8）测量：

①将开关拨至"工作"档，调节电压为 40 V，由于电场的作用，在视野中可以观察到管腔中细胞的移动，并记录一个细胞通过网格目微尺（1 格或 2 格）的时间。

②将开关拨至"停止"档，细胞即停止运动。

③将换向开关拨至"负"处，调整开关拨至"工作"档，由于电场方向变更，则细胞向相反方向移动，此时再选择另一细胞，按上述方法，记录下电泳时间。

④如此反复进行，测量多次，并分别记录实验数据。

⑤实验结束后，将电压旋回"0"处，调整开关拨至"停止"档，并关闭电源。

（9）电泳速度的计算。

根据所测量的网格目微尺格度的实际观察值，计算出每次的电泳距离 S，将所测电泳

距离的总和除以所测时间的总和，即得出电泳的平度速度（w）。设共测 n 次，

则平均速度 $(\omega) = \dfrac{S_1 + S_2 + S_3 + \cdots + S_n}{t_1 + t_2 + t_3 + \cdots + t_n}$（$S$ 可用 μm 或 mm 表示），也即

$$\omega = \frac{\sum\limits_{i=1}^{n} S_i}{\sum\limits_{i=1}^{n} t_i}$$

因为每次测得时间 ti（共 n 次）为不等值，而电泳距（S）为定值即

$S_1 = S_2 = S_3 \cdots\cdots = S_n = S, \sum\limits^{n} S_i = n \cdot S$，因此，平均电泳速度为

$$\omega = \frac{nS}{\sum\limits_{i=1}^{n} t_i}$$

（10）注意事项。

①电路接通后要迅速进行测量，以防时间过长，细胞沉降。

②利用单机测量时，每次细胞行至终点并记录该次时间数据时，应断开直流电源，即从"工作"档拨至"停止"档。

③上机测量时，电泳毛细管两端应调至水平位置。

④电极夹—电极—盐桥—毛细电泳室各处连接都要接触紧密，盐桥及毛细电泳室腔内不得有气栓，以免发生断路。

⑤每次实验结束后，应彻底清洗电泳架、电极和毛细电泳室，干燥后放入小盒内。

【思考题】

（1）对细胞进行电泳测量，列出所测定的有关实验数据。

（2）根据实验数据和有关公式，计算出细胞的电泳速度、迁移率和 ς 电位。

（3）实验中哪一些是你认为需提出讨论的问题？

实验 50　脂质体的制备

【实验目的】

掌握脂质体（liposome）的制备方法，了解脂质体实验技术的原理和意义。

【实验原理】

脂质体（liposome）的制备技术，一般采用超声波法、振动法、乙醚蒸发法，去污剂透析法、冰冻干燥法和冻融法等。制备方法不同，所得脂质体结构、大小不同，性质和用途也就不同（表9-1）。

表 9-1　脂质体制备方法和性质

种类	制备方法	大小	特性
多层大脂质体 （MNV）	乙醚蒸发法 醇醚水法 振荡法 液相快速混合振荡法	0.1～50.0	易制备，包被物释放速度慢
单层小脂质体 （SUV）	直接超声波法 溶剂超声波法 乙醚注射法	0.02～0.05	体积小，适合包被离子、小分子药物等
单层大脂质体 （LUV）	递箱蒸发法 去污剂(胆酸钠等)透析法 冷冻干燥法	0.05～0.50	适合包被蛋白质、RNA、DNA片段、大小分子药物及细胞融合
单层巨大脂质体 （GUV）	冻融法	5～30	适合包被蛋白质、RNA、DNA片段，除菌处理较难

本实验使用了三种不同的方法：一是超声波法，磷脂类双亲媒性分子被超声波打破，形成分子团或分子，重新自动排布形成与生物双分子层囊泡类似的结构；二是冻融法，它基于超声波法形成的小脂质体，以冷冻与融解的方式使其破裂，再将其重组，形成大体积的脂质体，之后利用透析时不同的膜内外渗透压，使其膨胀形成体积更大的脂质体；三是冷冻干燥法，与冻融法应用的原理基本相同，但二者有不同的处理条件。

【实验用品】

1. 器材

超声波清洗机、光学显微镜、荧光显微镜、荧光分光光度计、旋涡混合器、核酸蛋白检测仪、柱层析装置、冷冻干燥机。

2. 试剂

（1）磷脂液：100 mg 经丙酮 – 乙醚法纯化的卵磷脂，57.2 mg 胆固醇，溶于 1 mL 氯仿。

（2）荧光液：钙黄绿素（calcein）47 mg 溶于 100 mL Tris 缓冲液。

（3）Tris 缓冲液：称取 Tris 0.12 g，EDTA 0.288 mg，溶于 80 mL 去离子水中，用 0.1 mol/L 盐酸调 pH 至 7.2，再加水至 100 mL。

（4）2% 叠氮钠液。

（5）透析液：称取 EDTA 2.88 mg，加入 143 mL 荧光液中，再加无离子水至 1 000 mL，同时加入 100 mL 叠氮钠液。

（6）10 mmol 氯化钴液。

3. 材料

卵磷脂、胆固醇。

【实验方法】

1. 超声波法制备脂质体

取磷脂液 330 μL 置于 2.0 mL 安瓿瓶中，真空干燥 20 min，再加入荧光液 530 μL 及 Tris 液 530 μL，充氮气、封口、旋涡混合器混匀，于超声波清洗机中处理 10 min（电流 200～300 mA），所得液体即为单层小体积脂质体（SUV）。

直径分配率计算：取 16 μL 适当稀释的脂质体液（一般稀释 100 倍）加在载玻片上，盖上盖玻片，并用凡士林封口，用目微尺观测 5 个视野里的脂质体直径，记录，按下式计算直径分配率 D。

$$D = \frac{X_1(0\sim0.01) + X_2(0.01\sim0.02)\times2 + X_3(0.02\sim0.03)\times3 + \cdots}{N}$$

式中，X_1 为 5 个视野里 0～0.01 μm 直径脂质体数的平均值；N 为视野数 5。

包被率计算：取 15 μL 脂质体液稀释于 2 985p μL Tris 液中，在荧光分光光度计上测

量荧光强度（A）；加入 12 μL CoCl$_2$ 液，静置 5 min，使脂质体外的荧光猝灭，测量膜内荧光强度值（B）；加入 150 μL 10% Triton X－100 破膜液，破膜 5 min，再测量荧光强度（C）。

$$包被率 = \frac{B-C}{A-C}$$

式中，A 为荧光强度；B 为脂质体荧光强度；C 为本底荧光强度。

2. 冻融法制备脂质体

取代磷脂液 330 μL 置于安瓿瓶中，真空干燥 20 min，加入 Tris 液 530 μL，充氮气、封口、旋涡均匀，超声波处理 5 min（电流 200～300 mA），打开瓶口，加入荧光液 140 μL，氯化钾 112 mg，旋涡均匀，然后置于干冰－丙酮浴中冷冻 1 min。取出，室温融解，旋涡均匀。冻融过程重复两次。完成后将脂质体装入透析袋中，在磁力搅拌下对透析液透析 2 h，换透析液两次（用于与原生质体融合实验时，透析时间与透析液配方可与原生质体培养基适当配合），即得单层巨大脂质体（GUV）。

直径分配率计算及包被率测定同超声波法。记录测定结果。

3. 冷冻干燥法制备脂质体

取代磷脂液 330 μL 置于安瓿瓶中，真空干燥 20 min，加入 Tris 液 530 μL，充氮气、封口、旋涡均匀，超声波处理（电流 200～300 mA）5 min，打开瓶口，加入荧光液 140 μL，旋涡均匀，冷冻干燥 10 h，取出后加无离子水 1 mL，旋涡均匀，室温静置 1 h，超声波处理 1 min，即得单层大脂质体（LUV）。如需更大体积脂质体可重复冻干过程两次。

直径分配率计算及包被率测定同超声波法。记录测定结果。

4. 均一脂质体的制备

通过冷冻干燥法和冻融法制备出来的脂质体都能用作蛋白质、DNA 等较大分子的载体，用于与原生质体融合或运载药物等。通常情况下，脂质体在实际用作载体之前，都需要经过均一化处理。

将琼脂糖凝胶 4B 柱（1×20 cm）用 Tris 液平衡 3 倍柱体积（约 47 mL），流速 0.5 mL/min，平衡完全后，取脂质体液 0.5 mL 常规上样，Tris 液洗脱，洗脱速度为 0.3 mL/min，用核酸蛋白检测洗脱液 A280，收集第一峰，即为较均一的脂质体。

【思考题】

（1）脂质体的结构及用途如何？

（2）比较超声波法、冷冻干燥法所制备的脂质体的体积，并解释其原因。

实验 51　诱变物质的微核测试

【实验目的】

了解微核测定的方法与意义。寻找新的测试系统或测定更多的环境因素。

【实验原理】

微核（micronucleus）简称 MCN，是一种存在于真核生物细胞中的异常结构，它一般产生于受到化学药物或辐射作用的细胞中。在细胞间期，微核呈椭圆形或圆形，在主核外游离，体积约为主核的 1/3 以下，但二者有相同的细胞化学反应性质和折光率，同时，微核也有合成 DNA 的能力。研究人员普遍认为，微核产生于细胞有丝分裂后期丧失丝粒的断片中。研究证实，整条或多条染色体中也会有微核产生。在细胞分裂末期，这些染色体或断片被两个自细胞核排斥，就会产生第三个核块。目前已证明，辐射或用药的剂量大小与微核率的高低之间具有正相关关系，这一点类似于染色体畸变的现象。所以，很多人认为，中期畸变染色体的繁杂计数，可通过简单的间期核技术方式代替。受各种工业废物排出、原子能利用以及大量合成新的化合物的影响，人们迫切需要一套技术操作简单、灵敏度高的测试系统对环境发生的种种变化进行监测。只有真核类的测试系统可以将诱变物质对包括人类在内的高等生物所具有的遗传危害直接推测出来，可以说，微核测试是目前人类可用的一种较为理想的方式。现如今，我国多个部门已经开始在化学诱变剂、染色体遗传疾病、辐射防护、辐射损伤、癌症前期诊断和新药试验等方面应用微核测试。

现行微核测试系统大多选用了哺乳动物的外周血细胞或骨髓细胞，这需要克服细胞同步化困难、需要满足一定培养时间与条件、微核率低（约为 0.2%）的困难。近年来，有人尝试利用高等植物花粉孢子的天然同步性，将其作为主要生物耗材应用在微核测试中，取得了较好的效果。马德修选取了一种美洲原产的鸭跖草（*Tradescantia paludosa*，这

种草叶子狭长，目前已被我国多个地方引进种植），建立四分孢子期微核率计数（MCN-in-Terad）的测试系统，是近年来报道较好的系统之一。该系统用低剂量的化学药物处理或辐射处理，其微核率可达 10% ～ 67%。

【实验用品】

1. 器材

光学显微镜、离心机、小三角烧瓶、培养瓶、无菌吸管（5 mL 及 1 mL）、毛滴管、废液瓶等。

2. 试剂

（1）培养液：Knop 培养液：1 000 mL 蒸馏水 + 磷酸二氢钾 0.25 g，硫酸镁 0.25 g，硝酸钙 1.00 g，硝酸钾 0.25 g，微量磷酸铁。

（2）处理液：EMS（甲基磺酸乙酯），由培养液配成，有 50 mmol/L、75 mmol/L、100 mmol/L、150 mmol/L 等各种处理梯度。

NaN_3（叠氮钠），由培养液配成，有 0.2 mmol/L、0.4 mmol/L、0.8 mmol/L 等各种梯度。

DES（硫酸二乙酯），由培养液配成，有 50 mmol/L、100 mmol/L、150 mmol/L 等各种梯度。

（3）固定液：3 甲醇：1 冰醋酸。

染色：改良碱性品红液。

3. 材料

具有幼嫩花序的鸭跖草（长在温室中的鸭跖草都能现蕾开花，大田栽培花期也很长），剪取花序，每种处理重复 3 根。

【实验方法】

（1）在各三角烧杯瓶中加入各种浓度的处理药物和 Knop 培养液。各种处理重复 3 瓶，并留 3 瓶 Knop 液做对照。

Knop 液含 0.2 mmol/L NaN_3（叠氮钠）	3 瓶
Knop 液含 0.4 mmol/L NaN_3	3 瓶
Knop 液含 0.8 mmol/L NaN_3	3 瓶
Knop 液含 50 mmol/L EMS（甲基磺酸乙酯）	3 瓶

Knop 液含 100 mmol/L　EMS	3 瓶
Knop 液含 150 mmol/L　EMS	3 瓶
Knop 液含 50 mmol/L　EMS（硫酸二乙酯）	3 瓶
Knop 液含 100 mmol/L　DES	3 瓶
Knop 液含 150 mmol/L　DES	3 瓶

对照 Knop 液。

（2）剪取新鲜的鸭跖草花序，每瓶插入 3 根，24 ℃ 光照培养 30 h。

（3）培养的花序分瓶固定在 3 甲醇：1 冰醋酸固定液中，48 h。

【思考题】

微核是如何产生的？

参考文献

[1] 周琪. 干细胞实验指南 [M]. 北京：中央广播电视大学出版社，2015.

[2] 李志勇. 细胞工程实验 [M]. 北京：高等教育出版社，2010.

[3] 丁明孝. 细胞生物学实验指南 [M].2 版. 北京：高等教育出版社，2009.

[4] 孙群编. 分子生物学与细胞生物学基础实验教程 [M]. 北京：中国林业出版社，2010.

[5] 张小莉，夏金婵. 医学细胞生物学实验技术 [M]. 西安：西安交通大学出版社，2022.

[6] 李敏瑶. 基于网络药理学和细胞实验探讨六味顺激方治疗肠易激综合征的作用 [J]. 中成药，2023，45（3）：987-998.

[7] 刘桐. 基于网络药理和细胞实验探索芪玉三龙方治疗非小细胞肺癌的机制 [J]. 安徽中医药大学学报，2023，42（2）：54-60.

[8] 黄锦桢. 基于网络药理学和细胞实验探究补肾清透方治疗慢性乙型肝炎病毒携带状态的作用机制 [J]. 中药新药与临床药理，2022，33（12）：1654-1664.

[9] 高飞. 基于网络药理学及细胞实验验证软肝饮治疗肝癌的可能 [J]. 辽宁中医杂志，2023，50（6）：8-14.

[10] 何毅豪. 基于网络药理学和体外细胞实验探讨芍药甘草汤治疗溃疡性结肠炎的作用机制 [J]. 上海中医药大学学报，2022，36（6）：59-69.

[11] 孙墨晗，靳玉秋，赵哲，等. 基于网络药理学和细胞实验探讨参苓白术散对肝纤维化中 TGF-β 通路的作用机制 [J]. 中医药信息，2023，40（1）：19-29.

[12] 高诗尧. 基于网络药理学和体外细胞实验研究土茯苓抗骨质疏松的机制 [J]. 巴楚医学，2022，5（3）：69-74.

[13] 王凯华，杨鑫勇，郑光珊. 等. 柚皮素对脑缺血损伤小鼠神经细胞线粒体自噬的影响实验研究 [J]. 陕西中医，2022，43（8）：997-1002，1008.

[14] 赵滨. 持续与间歇低载荷振动对骨折愈合影响的细胞实验研究 [D]. 长春：吉林大学，2017.

[15] 侯文. 中药防风抗肝癌作用及机制的网络药理学和细胞实验研究 [J]. 中国医院药学杂志，

2022，42（21）：2238-2243.

[16]　邹宇翔 . 基于网络药理学和细胞实验探讨小檗碱治疗肺癌的作用机制 [J]. 中国医药科学，2022，12（13）：86-89，118.

[17]　鲍晓虹 . 基于网络药理学和细胞实验探讨酸枣仁汤防治焦虑症的机制和物质基础 [D]. 济南：山东中医药大学，2022.

[18]　黄书清 . 硅橡胶材料表面纹理对成纤维细胞生物学行为和包膜形成影响的实验研究 [D]. 重庆：中国人民解放军陆军军医大学，2022.

[19]　李祎铭 . 皮肤前体细胞条件培养基抗光老化作用及机制研究 [D]. 成都：四川大学，2021.

[20]　马梓育，陆洋 . 基于网络药理学与细胞实验的三白汤治疗皮肤色素沉着机制探究与初证 [J]. 世界科学技术 – 中医药现代化，2021，23（7）：2153-2169.

[21]　张天琪 . 基于网络药理学和体外实验探讨黄芪甲苷通过激活 PI3K/AKT 信号通路减轻 PC12 细胞损伤的作用机制 [J]. 中国中药杂志，2021，46（24）：6465-6473.

[22]　马振宏 . 高压纳秒脉冲电场消融黑色素瘤细胞实验研究 [J]. 浙江大学学报（工学版），2021，55（6）：1168-1174，1198.

[23]　程艳 . 基于网络药理学和细胞实验探究莲子心生物碱防治非小细胞肺癌的分子机制 [J]. 中国实验方剂学杂志，2021，27（13）：164-171.

[24]　杜劲松 . 基于人发角蛋白智能药物传递系统的制备研究 [D]. 南京：南京师范大学，2021.

[25]　宋西成 . 清热消炎合剂对鼻咽癌放射增效机制研究 [D]. 烟台：烟台毓璜顶医院，2020.

[26]　吴雄辉 . 非病毒载体介导脑源性神经营养因子基因的体外转染小鼠耳蜗螺旋神经节细胞实验研究 [J]. 中国耳鼻咽喉头颈外科，2020，27（10）：576-579.

[27]　李宏权，姜继宗，马亭云，等 . 穿心莲内酯纳米粒对口腔鳞癌 HN6 细胞株和白斑 Leuk1 细胞株抑制作用的实验研究 [J]. 口腔颌面外科杂志，2020，30（4）：216-221.

[28]　袁勋 . 载单宁酸铁和紫杉醇纳米粒对视网膜母细胞瘤治疗的实验研究 [D]. 重庆：重庆医科大学，2020.

[29]　唐晓璐 . 基于骨髓间充质干细胞迁移探讨桃红四物汤促进骨折愈合的实验研究 [D]. 长沙：湖南中医药大学，2020.

[30]　薛姗 . 载黑色素相变纳米液滴的诊疗参数优化研究 [D]. 深圳：深圳大学，2020.

[31]　刘荣 .T 淋巴细胞靶向载 FK506 介孔硅纳米粒制备及体外细胞实验研究 [D]. 武汉：华中科技大学，2020.

[32]　张晓军 . 毛葱和洋葱在细胞生物学实验中的应用 [J]. 生物学教学，2020，45（4）：33-34.

[33]　钱吉琛 . 经方生脉散干预 PM2.5 致心肌损伤的相关研究及细胞实验 [D]. 南京：南京中医

药大学，2020.

[34] 石珊珊.白头翁皂苷 B4 对人乳腺癌细胞 MCF-7 和 MDA-MB-231 作用的实验研究 [D].沈阳：辽宁中医药大学，2020.

[35] 高岭，郅克谦.低氧微环境下 circCDR1as 通过 AKT/ERK ？/mTOR 通路调控自噬促进口腔鳞状细胞存活的实验研究 [C]// 中华口腔医学会口腔颌面 – 头颈肿瘤专业委员会.2019第一届全国口腔颌面 – 头颈肿瘤学术大会——聚合引领、协同发展论文汇编.青岛：青岛大学附属医院，2019：226.

[36] 闫宁，张玉梅.镁阳极氧化涂布 DNA 水凝胶的体外降解性和细胞相容性的实验研究 [C]//中华口腔医学会口腔材料专业委员会.2019 年中华口腔医学会口腔材料专业委员会第十四次全国口腔材料学术年会论文集.北京：中国人民解放军空军军医大学口腔医院，2019：116.

[37] 赵霏，赵晋，郭忠，等.细胞实验系统评价制作流程的构建 [J].中国循证心血管医学杂志，2019，11（6）：658-663，669.

[38] 贺志隆.乳糖缩醛化葡聚糖载阿霉素靶向作用肝癌细胞系的实验研究 [D].衡阳：南华大学，2019.

[39] 车志刚.脱钙脱细胞皮质骨基质修复颅骨缺损实验研究 [D].南宁：广西医科大学，2019.

[40] 刘楠楠，李虎，彭宗根.肝脂肪变性细胞实验模型与机制研究进展 [J].国际药学研究杂志，2019，46（3）：171-175.

[41] 贺琼，郝佳琪，崔佳彬，等.新型细胞荧光实验漂染装置探讨 [J].科技与创新,2019(05)：37-39.

[42] 姜丽艳，闫国栋，孟繁清，等.细胞影像分析大型仪器应用于本科实验教学的探索 [J].生命的化学，2019，39（1）：190-194.

[43] 张烜.针对药学专业研究生的细胞实验技术课程建设 [J].教育教学论坛，2018（36）：277-278.

[44] 梁荣.基于 HepG2 细胞实验方法解析 PEF 技术改变抗氧化肽活性的机理研究 [D].长春：吉林大学，2018.

[45] 王领弟，孙孟瑶，张芳，等.体外细胞实验中药干预方法研究进展 [J].中华中医药杂志，2018，33（4）：1448-1451.

[46] 张洪铭.源于细胞的感动——观察洋葱表皮细胞实验 [J].第二课堂（C），2018（Z1）：13-14.

[47] 鲁丽，孙广宇，陈丽，等.基于 5-ALA-TS-FA 体外光动力疗法灭活 HL60 细胞实验研

究 [J]. 激光生物学报，2018，27（1）：1-9.

[48] 朱娜，刘雪丽，仇妮，等 .HIV-1 假病毒感染未成熟树突状细胞实验研究 [J]. 中国免疫学杂志，2017，33（10）：1441-1446.

[49] 于佃才 .《脂肪干细胞实验技术与脂肪医美研究》[C]// 中国中西医结合学会医学美容专业委员会 .2017 中国中西医结合学会医学美容专业委员会年会会议摘要 . 北京：北京赛托森生物科技发展有限公司，2017：16.

[50] 丁泓铭，马余强 . 纳米粒子与细胞相互作用的物理机制的研究 [C]// 中国化学会高分子学科委员会 . 中国化学会 2017 全国高分子学术论文报告会摘要集——主题 E：高分子理论计算模拟 . 苏州：苏州大学物理学院，2017：6.

[51] 陈京，李付贵 . 应用胚胎干细胞实验模型评价三聚氰胺的胚胎毒性 [J]. 中国优生与遗传杂志，2016，24（8）：39-41，34.

[52] 孙京海，潘晴，李凌军，等 . 女贞子中齐墩果酸含量测定及促进葡萄糖消耗体外细胞实验研究 [J]. 中国现代中药，2016，18（7）：862-865.

[53] 商童 . 基于微流控技术的细胞检测及追踪方法研究 [D]. 西安：西安理工大学，2016.